Murph Wolfson

MARIHUANA ANBAUEN
LEICHT GEMACHT

Samen & Setzlinge · Keimung · Hydrokulturen
Anbau drinnen und draußen · Schädlingsbekämpfung
Ernte & Weiterverarbeitung

Aus dem Englischen von
Anne Greveling

NIKOL
VERLAG

Für Erika

Dieses Buch will keineswegs Leser dazu verleiten, Cannabis anzubauen, wenn es in ihren Ländern verboten ist. Es soll lediglich als Informationsquelle für all die Leser dienen, die mehr über den Anbau von Cannabis erfahren möchten. Autor und Verlag übernehmen keinerlei Verantwortung dafür, wenn Leser mit den in diesem Buch enthaltenen Informationen gegen das Gesetz verstoßen.

Titel der amerikanischen Originalausgabe:
How to Grow Marijuana

4. Auflage 2024

Umschlaggestaltung: Nele Schütz Design unter
Verwendung von Shutterstock/Oleksandrum/
Zilu8/Nevada31/Poi NATTHAYA

Druck und Bindung: Abedik SA
Printed in Poland

ISBN: 978-3-86820-605-0

Besuchen Sie uns im Internet:
www.nikol-verlag.de

Danksagungen

Ich habe die Idee für dieses Buch schon im Kopf, seit ich als Teenager meinen ersten Samen in die Erde gelegt und auf diese Weise begonnen habe, eine lebenslange Beziehung zur Cannabis-Pflanze aufzubauen. Wie so viele junge Menschen, die damals in den Marihuana-Anbau einstiegen, habe ich die meisten Menschen, die mir dabei halfen, nie persönlich kennengelernt: Dabei handelte es sich hauptsächlich um Autoren und Redakteure von Zeitschriften oder Büchern, die ich unter dem Sofa versteckte, Administratoren von Webseiten, in denen es um dieses Thema ging (vor allem die ursprüngliche Version von Overgrow.com), und Personen, die mich in der Anonymität von Message-Boards und Foren an ihrem Wissen teilhaben ließen. Eigentlich gilt mein Dank also der ganzen Community von Menschen, die unermüdlich daran arbeiteten, mit der Zeit immer besseres Marihuana anzubauen.

Für das Privileg, dieses Buch schreiben zu dürfen, bin ich zwei Redakteuren bei Adams Media zu Dank verpflichtet: Jacqueline Musser und vor allem Rebecca Tarr Thomas. Aber auch den scharfen Augen von Sarah Doughty, denen absolut nichts entgeht, habe ich viel zu verdanken. Die Zusammenarbeit mit ihnen war wunderbar, und ich freue mich sehr darüber, meine Begeisterung für den Marihuana-Anbau mit meinen Lesern teilen zu dürfen! Ein ganz herzliches Dankeschön auch an die mitwirkenden Künstler und Grafiker für das schöne Cover und die gelungenen Illustrationen.

Und schließlich und endlich möchte ich mich auch bei den Millionen von Menschen bedanken, die sich unermüdlich dafür eingesetzt haben, die Gesetze zur Regelung des Marihuana-Konsums und zur wissenschaftlichen Erforschung dieses Themas zu ändern. Nur dank ihrer Mithilfe können wir dem Marihuana endlich mit dem Respekt begegnen, den es als eine der wichtigsten Kulturpflanzen der Menschheit verdient.

Inhalt

Einführung

Sie möchten gern selbst Marihuana anbauen, wissen aber nicht, wie das geht? Vielleicht haben Sie schon ein bisschen Erfahrung mit Pflanzen gesammelt und wissen, dass Sie absolut keinen grünen Daumen haben. Also fragen Sie sich jetzt natürlich, ob der Marihuana-Anbau überhaupt etwas für Sie ist? Oder Sie gehen davon aus, dass so etwas für einen einzelnen Menschen viel zu zeitaufwendig ist – es sei denn, er würde rund um die Uhr arbeiten. Keine Sorge! Auch wenn bei Ihnen bisher noch nie eine Zimmerpflanze überlebt hat, können Sie trotzdem gutes Marihuana anbauen. Man braucht dazu nur ein bisschen Geduld und ein paar grundlegende Informationen.

Dieses Buch führt Sie auf leicht verständliche Weise Schritt für Schritt in den Marihuana-Anbau ein. Sie finden darin auch ein Kapitel mit den wichtigsten Informationen über die Cannabis-Pflanze. Denn um erfolgreich Marihuana anbauen zu können, brauchen Sie schon ein paar botanische und biochemische Grundkenntnisse zu diesem Thema; und in diesem Kapitel habe ich alles, was Sie darüber wissen müssen, auf einfache Weise erklärt, damit Sie sich später nicht am Kopf kratzen und fragen: „Was ist denn nun eigentlich ein Cannabinoid?"

Sie finden in diesem Buch nicht nur ausführliche Informationen über den Anbauprozess, sondern auch über Marihuana selbst. Ich habe versucht, alle wichtigen Fragen zu beantworten, zum Beispiel:

- „Was ist eigentlich eine Sorte?"
- „Was ist der Unterschied zwischen Marihuana und Hanf?"
- „Welches Equipment brauche ich für den Anbau von Marihuana als Freizeitdroge?"
- „Wann wird Marihuana geerntet?"
- „Wie wird aus meiner Ernte eine Droge?"

Und für den Fall, dass Sie noch tiefer in das Thema einsteigen möchten, finden Sie überall in diesem Buch immer wieder Profi-Tipps und weiterführende Informationen zu Anbaukonzepten und -techniken.

Jeder Grower geht die Sache ein bisschen anders an, arbeitet in einem anderen Umfeld und praktiziert eine andere Anbaumethode. Sie werden bald feststellen, dass auch Sie genau die für Sie richtigen Pflanzen mit dem gewünschten Aroma und der gewünschten Wirkung finden und anbauen können. Also lassen Sie uns loslegen!

KAPITEL 1

Was ist Marihuana?

Sie möchten also gern Marihuana anbauen, aber das viele Fachvokabular, das einem bei diesem Thema um die Ohren fliegt (was ist zum Beispiel eine „Sorte“?), hat Ihnen ein bisschen Angst eingejagt. Vielleicht schwirrt Ihnen schon der Kopf von all den Fachbegriffen. „Lichtzyklen“, „Trichome“, ja sogar die vielen verschiedenen Namen für die Pflanze selbst … All das kann einen schon ziemlich durcheinanderbringen. Vielleicht fragen Sie sich sogar, ob es ein Zertifikat oder einen Kurs gibt, den man belegen muss, um für den Erwerb oder gar Anbau von Marihuana „qualifiziert“ zu sein.

Doch in Wirklichkeit braucht man dazu nur ein paar Hintergrundinformationen, Begriffserklärungen und Tipps zum Auseinanderhalten der verschiedenen Cannabis-Pflanzen.

All das finden Sie in diesem Kapitel! Betrachten Sie es als eine Art Crash-Kurs zum Thema Marihuana. Zunächst werde ich Ihnen ein bisschen mehr über die Geschichte dieser Pflanze erzählen und erklären, wie sie zu einer der beliebtesten Nutzpflanzen der Menschheit wurde. Als Nächstes entführe ich Sie auf eine Reise durch den Lebenszyklus der Cannabis-Pflanze – von der Keimung bis hin zur Ernte. Und schließlich und endlich erfahren Sie, was eine „Sorte" ist, und lernen die Unterschiede zwischen den verschiedenen Cannabis-Unterarten kennen. Wollen Sie Ihre Mitmenschen mit Ihrem Fachwissen über „Weed" beeindrucken? Dann nichts wie los!

EINE KURZE GESCHICHTE DES MARIHUANA

Marihuana (wissenschaftlicher Name: „Cannabis") war uns Menschen schon vor dem Beginn der Geschichtsschreibung bekannt. Man geht sogar davon aus, dass Mensch und Marihuana sich im Lauf der Evolution gemeinsam entwickelt haben – was durchaus einen Sinn ergibt, wenn man bedenkt, dass der menschliche Körper über CB1- und CB2-Cannabinoidrezeptoren verfügt, die in fast allen wichtigen Organsystemen vorkommen, und dass wir sogar körpereigene Cannabinoide produzieren. Diese sogenannten „Endocannabinoide" haben Ähnlichkeit mit den Wirkstoffen der Cannabis-Pflanze.

Da die Geschichte des Marihuanas so weit zurückreicht, weiß man nichts Genaues über die Herkunft dieser Pflanze; aber man geht davon aus, dass sie in Mittelasien (z. B. in der Mongolei oder im Himalaya) heimisch ist. Diese ersten Cannabis-Pflanzen waren robuster als die heutigen Pflanzen und enthielten noch kaum etwas von den psychoaktiven Substanzen, die wir heute am Marihuana schätzen. Doch auch ohne diese Eigenschaften ist Cannabis eine sehr nützliche Pflanze; wahrscheinlich wurde sie früher von den Menschen wegen des Samenöls und der Fasern, die sie liefert, oder vielleicht sogar als Nahrungsmittel genutzt.

Irgendwann vor vielen Jahrhunderten fanden die Menschen dann heraus, dass Marihuana psychoaktive Substanzen enthält. Im Jahr 2019 entdeckten Forscher in Westchina in alten Gräbern auf dem Jirzankal-Friedhof hölzerne Räucherschalen, die bewiesen, dass Marihuana bereits vor 2500 Jahren im Rahmen schamanischer oder religiöser Rituale verwendet wurde. Untersuchungen zufolge enthielten diese Schalen genau die chemischen Substanzen, die bei der Verbrennung von Tetrahydrocannabinol (THC) – dem in Marihuana enthaltenen psychoaktiven Wirkstoff – zurückbleiben.

Von dort aus scheint Marihuana sich schnell über den Rest der Alten Welt verbreitet zu haben. Im 1. Jahrtausend v. Chr. erwähnte der berühmte griechische Historiker Herodot in seinen Historien die Skythen – einen alten Nomadenstamm, der das Kraut in eigens für diesen Zweck bestimmten Marihuana-Zelten verbrannte, damit der Rauch nicht entweichen konnte und die Insassen in den vollen Genuss seiner Wirkung kamen. Andere Berichte aus derselben Zeit berichten vom Marihuana-Gebrauch im Norden und Osten Russlands und bis nach Westchina hinein.

Von da aus breitete Marihuana sich dann entlang der Seidenstraße unaufhaltsam nach Westen in unser heutiges Afghanistan, nach Griechenland und Rom und schließlich bis ins restliche Europa aus. Offenbar wussten die Menschen also schon vor langer Zeit, was gut ist!

WAS IST HANF?

Obwohl in den Medien kaum darüber berichtet wird, bewegen sich die USA allmählich auf den legalen Anbau von Hanf zu. Der Medizinalhanf *(Cannabis sativa)* wurde so gezüchtet, dass er kaum THC enthält, also keine psychoaktive Wirkung hat. Hanf wird schon seit Jahrhunderten weltweit zur Herstellung von Kleidung, Papier, Autoteilen und anderen Produkten verwendet.

DIE BESTANDTEILE DER CANNABIS-PFLANZE

In botanischer Hinsicht sind sich alle Cannabis-Pflanzen ziemlich ähnlich. Auf den nächsten Seiten erfahren Sie mehr über die wichtigsten Bestandteile dieser Pflanze.

WURZELN UND STAMM

Die Wurzeln sind für den Transport von Wasser und Nährstoffen aus dem gewählten Nährmedium (Erde, erdfreie Substrat oder reines Wasser) in die Pflanze hinein verantwortlich. Der Stamm verleiht der Pflanze Halt und Struktur. Normalerweise wächst die Cannabis-Pflanze aus einem einzelnen holzigen Hauptstamm heraus, der sich verzweigt, wenn sie größer wird.

BLÄTTER

Man erkennt die Cannabis-Pflanze leicht an ihren Blättern mit einer ungeraden Anzahl (normalerweise fünf bis neun) an einem Stiel sitzenden gezähnten Fiederblättchen. Die Blattform kann sich von Sorte zu Sorte unterscheiden. Die Blätter von *Cannabis sativa* sind eher länger und dünner, die von *Cannabis indica* breiter und kürzer (siehe Abb. 1.1.) Auf die Sorten *C. sativa* und *C. indica* werde ich an späterer Stelle in diesem Kapitel noch näher eingehen.

▲ Abbildung 1.1: *Cannabis sativa* (links) und *Cannabis indica* (rechts)

BLÜTEN

Marihuana ist eine „zweihäusige" Pflanze. Das bedeutet, dass männliche und weibliche Blüten an getrennten Pflanzen sitzen. Eine Vermehrung ist nur dann möglich, wenn eine männliche Cannabis-Pflanze nah genug an einer weiblichen wächst, um ihre Blüten bestäuben zu können, woraufhin die weibliche Pflanze Samen zu bilden beginnt. Normalerweise sind Marihuana-Anbauer nur an weiblichen Exemplaren interessiert und vernichten männliche Pflanzen und Zwitter, bevor diese die weiblichen Pflanzen bestäuben können, und zwar aus einem ganz einfachen Grund: Konsumiert wird nur die Blüte („Bud") der weiblichen Cannabis-Pflanze, und unbestäubte weibliche Pflanzen bilden viel hochwertigere Knospen mit mehr THC-reichem Harz aus.

WAS SIND CANNABIS-ZWITTER?

Bei Cannabis handelt es sich meistens (aber nicht immer) um eine zweihäusige Pflanze. Manchmal bildet eine Pflanze sowohl männliche als auch weibliche Blüten. Solche Pflanzen bezeichnet man als „Zwitter". Sie können sich selbst bestäuben, was bedeutet, dass die Buds der Pflanze Samen enthalten. Sie können aber auch andere in der Nähe wachsende weibliche Pflanzen bestäuben. Wenn Sie eine Zwitterpflanze in Ihrer Kultur entdecken, sollten Sie sie so schnell wie möglich aussortieren, damit Ihre weiblichen Pflanzen nicht befruchtet werden.

SAMEN

Die Samen werden von befruchteten weiblichen Pflanzen gebildet. Wenn Sie nicht gerade Marihuana-Züchter sind, haben Sie normalerweise kein Interesse an Samen, weil die Samenbildung Ihre Pflanzen zusätzliche Energie kostet – Energie, die sie stattdessen in die Bildung von mehr Harz und kräftigeren Knospen hineinstecken könnten.

WAS IST SINSEMILLA?

Das von unbefruchteten weiblichen Pflanzen produzierte Marihuana bezeichnet man als „Sinsemilla". Dieses Wort kommt aus dem Spanischen und bedeutet „ohne Samen". Sinsemilla erhalten Sie, indem Sie Ihre weiblichen Pflanzen von männlichen Pflanzen oder Zwittern fernhalten, damit sie nicht befruchtet werden. Sobald Sie ein bisschen mehr Erfahrung im Marihuana-Anbau haben, werden Sie lernen, frühzeitig nach Vorblüten Ausschau zu halten (die nach der Geschlechtsreife der Pflanze entstehen). So können Sie männliche Pflanzen rasch erkennen und abschneiden, damit die weiblichen Pflanzen ihre Energie in die Ausbildung größerer, stärkerer und „klebrigerer" Knospen investieren können.

DER LEBENSZYKLUS DER CANNABIS-PFLANZE

Cannabis ist von Natur aus eine robuste Pflanze, die sich im Lauf der Zeit an die verschiedensten Wachstumsbedingungen angepasst hat und selbst unter ungünstigen Bedingungen gedeihen kann. In manchen Regionen wächst die Pflanze wild und kann sogar ein lästiges Unkraut sein. Selbst in den USA wächst sie an Straßenrändern, da ihre (wahrscheinlich aus dem Anbau von Outdoor-Growern stammenden) Samen von Vögeln und anderen Tieren verbreitet werden. In manchen Gegenden ist dieses „Ditch Weed" so weit verbreitet, dass es schwierig ist, echtes Sinsemilla (Marihuana aus unbestäubten weiblichen Blüten) im Freien anzubauen, weil zu viel Cannabis-Pollen in der Luft herumfliegen.

Als Grower sollten Sie sich intensiv mit dem Lebenszyklus dieser Pflanze beschäftigen. Nur so können Sie ihr in jeder Wachstumsphase die besten Nährstoffe bieten und lernen, ihre Bedürfnisse vorauszusehen und zu befriedigen. Denn wenn Sie Ihre Pflanzen nach Strich und Faden verwöhnen, liefern sie Ihnen hochwertigeres Marihuana. An späterer Stelle in diesem Buch werde ich noch näher auf diese verschiedenen Wachstumsphasen eingehen; doch hier finden Sie schon einmal einen kurzen Überblick. Dabei handelt es sich zwar nur um ungefähre Zeitangaben, die Ihnen aber zumindest eine Vorstellung vom Wachstumszyklus der Pflanze vermitteln. Normalerweise sollte man eine Cannabis-Pflanze je nach Sorte innerhalb von drei bis vier Monaten von der Aussaat bis zur Ernte bringen können:

- **Keimung** (Vorgang des Keimens der Samen): Die Keimdauer hängt von den Samen ab. Diese können mehr oder weniger über Nacht keimen; es kann aber auch bis zu drei Wochen dauern. Normalerweise keimt Cannabis-Saatgut innerhalb von zwei bis zehn Tagen.
- **Sämling:** Nun folgt die Übergangsphase vom gekeimten Samen zu einer noch sehr zarten, empfindlichen jungen Pflanze. Während dieser Phase müssen Sie Ihre Pflanzen möglicherweise mit dünnen Bambusstäbchen stützen. Jeder Sämling treibt zunächst ein Paar ovaler, ungezähnter Blätter (die sogenannten Keimblätter) aus. Diese Blättchen dienen dazu, der Pflanze einen ersten Fotosynthese-„Energieschub" zu geben, damit sie bis zu ihrer nächsten Wachstumsphase überleben kann. Das Sämlingsstadium dauert ungefähr ein bis drei Wochen.
- **Wachstumsphase (vegetative Phase):** In dieser Phase treibt die Marihuana-Pflanze mit zunehmender Kraft und Geschwindigkeit reife Blätter aus, und ihr Stamm wird allmählich zäh, holzig und immer dicker. Sie können sich diese Wachstumsphase wie das Teenageralter beim Menschen vorstellen: Jetzt haben Ihre Pflanzen ständig Hunger und brauchen viel Licht und Nährstoffe, um zu wachsen und zu gedeihen. Beim Anbau in Innenräumen sollten sie jeden Tag 18 Stunden lang Licht erhalten. Während die Pflanze heranreift, erreicht sie schließlich die maximale Anzahl von Fiederblättchen pro Blatt. Manche Pflanzen haben bis zu zehn oder elf Fiederblättchen; doch meistens sind es nur fünf bis neun Stück pro Blatt. Normalerweise dauert die vegetative Phase je nach Sorte und Wachstumsbedingungen ein bis fünf Monate.
- **Vorblüte:** Das Vorblühstadium findet kurz vor der richtigen Blüte der Pflanze statt und dauert normalerweise ein bis zwei

Wochen. Zu diesem Zeitpunkt ist die Pflanze geschlechtsreif und hat wahrscheinlich bereits einzelne Vorblüten hervorgebracht; doch während der eigentlichen Vorblühphase bildet sie mehr davon. Vorblüten entstehen an den sogenannten „Knoten" (also dort, wo Zweige aus dem Stamm hervorsprießen), und zwar oft zwischen dem vierten und sechsten Knoten (von unten her gezählt). Anfangs sind diese winzigen Blüten ohne Lupe vielleicht kaum zu erkennen; doch sobald die Pflanze wächst und heranreift, erkennt man sie deutlicher. Weibliche Vorblüten entwickeln typische, wie dünne weiße Haare aussehende Stempel (die weiblichen Geschlechtsorgane), während männliche Vorblüten an ihren kleinen Pollensäckchen zu erkennen sind.

- **Blüte:** In dieser Phase bildet die Marihuana-Pflanze reife Blüten. Bei männlichen Pflanzen hängen die Blüten in Form von Pollensäckchen von den Blütenzweigen herab; bei weiblichen Pflanzen sitzen sie um die Zweige herum und entwickeln sich allmählich zu immer deutlicher erkennbaren Blüten („Buds"). Beim Indoor-Anbau beschneiden viele Grower ihre Marihuana-Pflanzen so, dass sie nur eine einzige große Knospe an der Spitze der Pflanze – die sogenannte Haupt-Cola („Hauptbud") – bilden. Wenn eine weibliche Pflanze bestäubt wurde, bilden sich in den heranreifenden Blüten Samen; wenn nicht, bilden die Blüten mehr Harz. Normalerweise dauert die Blütezeit je nach Sorte acht bis zwölf Wochen oder noch länger.
- **Ernte:** Zur Erntezeit schneidet man die Pflanzen ab. Dann werden die Buds abgeschnitten, damit sie anschließend trocknen können und das Marihuana aushärten kann.

WAS IST EIN LICHTZYKLUS?

Falls Sie sich fragen sollten, wodurch die verschiedenen Wachstumsphasen der Marihuana-Pflanze gesteuert werden, gibt es darauf eine ganz einfache Antwort: durch den Lichtzyklus. Unabhängig davon, ob Sie Ihr Marihuana drinnen oder draußen anbauen, reagiert die Pflanze empfindlich auf die Fotoperiode (die Dauer von Licht- und Dunkelphasen innerhalb von 24 Stunden). Als Faustregel gilt, dass eine in Innenräumen gezogene Pflanze während der Wachstumphase mindestens 18 Stunden Licht pro Tag benötigt, das mithilfe von Pflanzenlampen erzeugt werden muss. Im Freien wird der Lichtzyklus durch die Jahreszeit bestimmt.

PROFI-TIPP: BELEUCHTUNG IN INNENRÄUMEN

Um die Blüte einzuleiten, verändern Indoor-Grower das Hell-Dunkel-Verhältnis auf 12 Stunden Dunkelheit : 12 Stunden Licht.

MARIHUANA-ARTEN

In botanischer Hinsicht lässt sich die Cannabis-Pflanze folgendermaßen klassifizieren:

- Reich: Pflanzen (Plantae)
- Abteilung: Bedecktsamer (Magnoliophyta)
- Klasse: Einfurchenpollen-Zweikeimblättrige (Magnoliopsida)
- Ordnung: Rosenartige (Rosales)
- Familie: Hanfgewächse (Cannabaceae)
- Gattung: *Cannabis* L.
- Art: *C. sativa* L.

Innerhalb dieser botanischen Hierarchie wird *C. sativa* L. noch weiter in drei Hauptunterarten unterteilt:

- *C. sativa*
- *C. indica*
- *C. ruderalis*

An späterer Stelle in diesem Buch werden Sie noch mehr über diese drei Unterarten erfahren; doch vorläufig genügt es für Sie zu wissen, dass sie sich in Wuchsform, Aussehen, Geruch, Geschmack und ihrem Verwendungszweck in der modernen Marihuana-Kultur und -Zucht voneinander unterscheiden. Als Grower werden Sie Ihr Augenmerk in erster Linie auf *C. indica* und *C. sativa* richten, da diese für den Konsum angebaut werden. *C. ruderalis* dagegen wird für die Zucht von Sorten verwendet, aber nicht für den Konsum angebaut. Da es sich dabei um ein und dieselbe Art handelt, kann man diese drei Unterarten miteinander kreuzen, so wie auch Weinreben gekreuzt werden können, um neue Sorten heranzuzüchten. So können Züchter Sorten mit bestimmten gewünschten Eigenschaften kreieren, z. B. mit einer bestimmten Wirkung oder Wuchsform oder vielleicht sogar einem ganz bestimmten Aussehen.

PROFI-TIPP: VERSCHIEDENE SORTEN KENNENLERNEN

Im Handel findet man eine geradezu verwirrende Vielfalt an Marihuana-Sorten – so ähnlich wie die große Auswahl an Weinen in einer guten Weinhandlung. Diese Vielfalt ist das Ergebnis jahrzehntelanger Züchtungsbemühungen, bei denen die drei Hauptunterarten auf verschiedene Weise miteinander gekreuzt wurden, um unterschiedliche Effekte zu erzielen. So suchen Anbauer von medizinischem Cannabis beispielsweise oft nach Pflanzen mit einer bestimmten therapeutischen Wirkung, während Liebhaber ihre Pflanzen häufig so züchten, dass sie ein bestimmtes Aussehen, ein bestimmtes Aroma oder einen bestimmten Geruch haben oder eine spezielle Wirkung hervorrufen. Auf der Webseite www.leafly.com erfahren Sie mehr über die verschiedenen Sorten und finden auch Bewertungen von Nutzern. Nehmen Sie sich ruhig ein bisschen Zeit, um die verschiedenen Sorten kennenzulernen, und überlegen Sie, welche Sie selbst anbauen möchten!

WAS SIND CANNABINOIDE?

Die Marihuana-Pflanze wird vor allem wegen ihres hohen Gehalts an sekundären Pflanzenstoffen (von Pflanzen gebildeten chemischen Substanzen) geschätzt. Dazu gehören Cannabinoide, Terpene (die aromatischen Öle, die der Pflanze ihr typisches Aroma verleihen) und Phenole (Antioxidanzien und andere Substanzen, die aufgrund ihrer positiven gesundheitlichen Wirkungen wissenschaftlich untersucht werden). Am wichtigsten sind die Cannabinoide. Diese Substanzen ähneln in ihrer chemischen Struktur unseren körpereigenen Cannabinoiden (die auch als „Endocannabinoide" bezeichnet werden) und haben pharmazeutische Wirkungen, die zurzeit im Hinblick auf ihren Stellenwert in der Behandlung verschiedenster Krankheiten wissenschaftlich untersucht werden – von Anfallsleiden bis hin zur Schmerz- und Krebstherapie.

Dank zweier spezieller Rezeptoren (der „CB1"- und „CB2"-Rezeptoren, die an der Oberfläche vieler menschlicher Zellen vorkommen) können die in Marihuana enthaltenen Cannabinoide bestimmte Wirkungen in Ihrem Körper auslösen. Die CB1-Rezeptoren befinden sich in erster Linie im Nervensystem, in den Fortpflanzungsorganen und im Bindegewebe, die CB2-Rezeptoren im Immunsystem. Manche Gewebe enthalten sowohl CB1- als auch CB2-Rezeptoren.

Interessanterweise wurden die Cannabinoid-Rezeptoren nach der Cannabis-Pflanze benannt. Man hat sie entdeckt, als Wissenschaftler untersuchten, welche Wirkung Marihuana auf Menschen hat und warum. Gleichzeitig fanden die Wissenschaftler dabei auch heraus, dass unser Körper eigene Cannabinoide produziert. Es gibt also zwei Hauptklassen von Cannabinoiden:

- **Endocannabinoide** (unsere körpereigenen Cannabinoide) und
- **Phytocannabinoide** (die von der Cannabis-Pflanze produzierten Cannabinoide).

Alles in allem gibt es ungefähr 90 bekannte Phytocannabinoide. Die für uns Menschen nützlichsten sind:

- Tetrahydrocannabinol (THC)
- Cannabidiol (CBD)
- Cannabinol (CBN)
- Cannabigerol (CBG)
- Tetrahydrocannabivarin (THCV)
- Cannabichromen (CBC)

Die beiden wichtigsten Phytocannabinoide sind THC und CBD. THC erzeugt den beim Marihuanakonsum entstehenden „High"-Effekt. CBD wird mittlerweile bereits für die verschiedensten medizinischen Zwecke verwendet, zum Beispiel zur Linderung von Angstzuständen und als Ein- und Durchschlafhilfe. Im Jahr 2018 hat die US-amerikanische Gesundheitsbehörde Food and Drug Administration das erste pharmazeutische Präparat auf CBD-Basis zugelassen. Dieses Medikament trägt zur Vorbeugung von Anfällen bei zwei seltenen, schweren Epilepsieformen bei.

FÜNF TIPPS, DIE SIE SICH MERKEN SOLLTEN

Nun, da Sie erste Grundkenntnisse über die Cannabis-Pflanze erworben haben, ist es höchste Zeit, mit der Planung Ihres Marihuana-Anbaus zu beginnen! Darum geht es in den nun folgenden Kapiteln dieses Buches, in denen Sie alles über den Indoor- und Outdoor-Anbau von hochwertigem Marihuana erfahren werden. Doch zunächst einmal möchte ich Ihnen fünf Tipps geben, die Ihnen den Weg zu diesem Ziel erleichtern werden:

1 **Machen Sie sich erst mal einen Plan.** Viele für einen erfolgreichen Anbau wichtige Voraussetzungen sollten bereits erfüllt sein, bevor Sie das erste Samenkorn in die Erde legen. Ehe Sie Geld für Saatgut und Ausrüstung ausgeben, sollten Sie also lieber erst einmal das ganze Buch durchlesen, um wohlüberlegte Entscheidungen treffen zu können.

2 **Führen Sie Buch.** Gute Grower behalten ihre Cannabis-Pflanzen genau im Auge. Sie sollten sich alles, was irgendwie mit Ihren

Pflanzen zu tun hat, genau notieren – von der Keimrate über die Düngung und eventuelle Schädlingsprobleme bis hin zu Blüte und Ernte. Mit diesen Notizen legen Sie den Grundstein zu einem ständig wachsenden Wissensfundus und können so mit der Zeit immer bessere Ergebnisse erzielen.

3 **Scheuen Sie sich nicht, um Hilfe zu bitten.** Es gibt viele Online-Foren und Social-Media-Plattformen, in denen Grower sich gegenseitig mit Tipps und Ratschlägen weiterhelfen. Suchen Sie ruhig auch persönliche Kontakte: Unter Marihuana-Anbauern herrscht ein ausgeprägter Kameradschaftsgeist!

4 **Seien Sie vorsichtig und gehen Sie keine Risiken ein.** Dies sollte bei einer guten Planung eigentlich selbstverständlich sein. Trotzdem erwähne ich es hier noch einmal: Achten Sie darauf, dass Ihr Anbaubereich keiner Brandgefahr oder sonstigen Sicherheitsrisiken ausgesetzt ist.

5 **Hören Sie niemals auf zu lernen!** Auch erfahrene Grower können noch etwas Neues dazulernen, und es werden auch immer wieder neue Sorten gezüchtet. Dies könnten die lohnendsten Recherchen sein, die Sie jemals anstellen werden.

Doch nun ist es höchste Zeit, sich auf die spannende Entdeckungsreise zu Ihrem eigenen Marihuana-Anbau zu begeben!

KAPITEL 2

Saatgut und Sämlinge

Nun, da Sie gewisse Grundkenntnisse über die Cannabis-Pflanze erworben haben, können Sie mit der Planung Ihres Anbaus beginnen. Vor der Aussaat müssen Sie zwei wichtige Entscheidungen treffen. Erstens: Möchten Sie Ihre Pflanzen drinnen oder draußen anbauen? Zweitens: Was für eine Sorte soll es sein? Diese beiden Fragen sind wichtig für Ihre

Entscheidung, welche Samen Sie kaufen und wie Sie Ihre Pflänzchen richtig pflegen sollen.

In diesem Kapitel möchte ich zunächst auf verschiedene Sorten und Anbaumethoden eingehen, da diese Informationen für den Erfolg beim Anbau Ihrer Cannabis-Pflanzen sehr wichtig sind. Als Nächstes erfahren Sie, wo und wie man sich die gewünschten Samen beschafft; und zum Schluss erhalten Sie einen Crashkurs über das Keimen von Cannabis-Samen und die Pflege der Sämlinge. Also – gehen wir es an!

DIE QUAL DER WAHL: INDOOR- ODER OUTDOOR-ANBAU?

Die heutigen Marihuana-Grower sind in zwei Lager gespalten: Viele schwören darauf, dass man hochwertiges Marihuana am besten im Freien anbaut. Andere vertreten den Standpunkt, dass Marihuana von höchster Qualität drinnen angebaut werden sollte, weil man dann alle Umweltbedingungen hundertprozentig unter Kontrolle hat.

Von dieser Entscheidung wird auch die Wahl Ihrer Sorte (oder Sorten, wenn Sie gleich mehrere anbauen möchten) abhängen. Outdoor-Grower bauen lieber Pflanzen mit *sativa*-Einschlag an, da diese Pflanzen normalerweise größer werden und mehr Platz benötigen. Indoor-Anbauer konzentrieren sich eher auf Sorten mit stärkerem *indica*-Einschlag, da diese kleinwüchsiger und auf engerem Raum leichter unterzubringen sind.

PROFI-TIPP:
FÜHREN SIE BUCH ÜBER IHRE MARIHUANA-KULTUR!

Unabhängig von der Anbaumethode versuchen erfahrene Marihuana-Grower immer mehr dazuzulernen und nutzen diesen Wissensschatz, um ihre Anbaumethoden im Lauf der Zeit zu optimieren. Deshalb ist es so wichtig, über jede Phase des Anbauprozesses Buch zu führen. Dokumentieren Sie genau, was Sie tun und wie Ihre Pflanzen darauf reagieren! Auf diese Weise lernen Sie, was gut funktioniert und was nicht, und können Ihre Vorgehensweise mit der Zeit immer mehr verbessern.

INDOOR ODER OUTDOOR? VOR- UND NACHTEILE

Nachdem Sie nun die ersten grundlegenden Informationen über den Anbau drinnen und im Freien gesammelt haben, wollen wir uns ein bisschen näher mit den Vor- und Nachteilen dieser beiden

Methoden beschäftigen. Bevor Sie sich Gedanken darüber machen, welche Sorte Sie anbauen möchten, sollten Sie sich zunächst mal ein bisschen Zeit nehmen, um Ihre persönliche Situation zu überdenken und die in der unten stehenden Tabelle genannten positiven und negativen Aspekte gegeneinander abzuwägen. Erst dann treffen Sie die Entscheidung: drinnen oder draußen.

OUTDOOR-ANBAU	
PRO	**KONTRA**
• Natürliches Sonnenlicht • Platz für größere Pflanzen • Höhere Erträge • Niedrigere Kosten • Möglicherweise weniger Ausrüstung erforderlich	• Vom Klima abhängig • Risiko, dass Pflanzen von Schädlingen, Fressfeinden und Krankheiten befallen werden • Der Anbau ist körperlich anstrengender • Die Pflanzen sind diebstahlgefährdet • … und möglicherweise auch weniger wirksam

INDOOR-ANBAU	
PRO	**KONTRA**
• Sehr gute Kontrolle über die Wachstumsbedingungen • Geringere Diebstahlgefahr • Möglichkeit, sehr hochwertiges Marihuana zu produzieren	• Teurer • Mehr Equipment erforderlich • Beansprucht Platz in Haus oder Wohnung • Schädlingsbefall und Krankheiten lassen sich schwerer unter Kontrolle halten

WAS VERSTEHT MAN UNTER GUERILLA-ANBAU?

Bevor viele Menschen die Möglichkeit hatten, Marihuana auf ihrem eigenen Gelände anzubauen, nutzten die Grower entweder öffentliche Flächen oder Grundstücke anderer Besitzer. Dieser „Guerilla-Anbau" ist in vielen Gegenden der Welt immer noch üblich. Guerilla-Anbau bietet erfahrenen Growern die Möglichkeit, große Mengen an Cannabis-Pflanzen zu produzieren. Er hat jedoch auch Nachteile – zum Beispiel das Risiko, dass Ihre Ernte gestohlen wird. Und es kann auch körperlich anstrengend sein, eine große Fläche auf diese Weise zu bebauen, weil dazu oft schwere Ausrüstungsgegenstände wie Pumpen und Rohrleitungen mit dem Rucksack in abgelegene Gegenden transportiert werden müssen.

AUSWAHL DER FÜR SIE RICHTIGEN SORTE

Sobald Sie sich darüber klar geworden sind, ob Sie Ihr Marihuana drinnen oder im Freien anbauen möchten, können Sie ernsthaft darüber nachdenken, welche Sorte sich für Sie eignet. Wie bereits erwähnt, konzentrieren sich Indoor-Grower in erster Linie auf *indica*-dominante Pflanzen, während Outdoor-Grower *sativa*-dominante Sorten bevorzugen. Wie auch immer Sie sich entscheiden – Sie sollten sich auf jeden Fall zunächst an bereits etablierte Sorten halten, über deren genetische Eigenschaften Sie sich sicher sein können, und von „Landrassen", die mehr Fachwissen erfordern, um sie erfolgreich zur Ernte zu bringen, lieber erst einmal die Finger lassen.

WAS SIND LANDRASSEN?

Landrassen sind Marihuana-Sorten, die sich in einem natürlichen Umfeld entwickelt haben und nie mit einer anderen Sorte gekreuzt worden sind. Dabei handelt es sich entweder um reines *indica*- oder reines *sativa*-Cannabis. Ein Beispiel dafür ist die berühmte Hindukusch, eine *indica*-Landrasse, die in den Gebirgsregionen Afghanistans beheimatet ist. Landrassen sind in der Regel schwieriger zu kultivieren, da die Pflanzen sich im Lauf ihrer Entwicklung an eine bestimmte Umgebung angepasst haben und ihnen die Robustheit fehlt, die durch gezielte Züchtungsbemühungen entsteht. Landrassen sind eher selten; bei den meisten im Handel erhältlichen Sorten handelt es sich um Kreuzungen.

Wie bereits erwähnt, werden die meisten Marihuana-Sorten danach eingeteilt, ob sie eher *sativa*- oder *indica*-dominant sind. Man bezeichnet sie dann oft einfach als *indica* oder *sativa*, auch wenn es sich in genetischer Hinsicht um Mischformen handelt. Bei beiden Sorten gibt es ein paar Faktoren, die Sie bei Ihrer Entscheidung berücksichtigen sollten. Auf diese Hauptmerkmale und -unterschiede möchte ich nun näher eingehen.

Sativa-dominante Sorten

- Eignen sich hervorragend für den Anbau im Freien
- Werden oft sehr groß (3 m oder noch höher)
- Können einen Ertrag von mindestens einem Pfund Marihuana pro Pflanze liefern
- Erzeugen ein High, das in den Kopf steigt und anregend wirkt
- Gedeihen in den meisten Klimazonen, von niedrigeren alpinen Höhenlagen bis hin zu tropischen Ökosystemen

Beispiele für *sativa*-dominante Sorten: Early Pearl, Lemon Skunk und AK-47.

Indica-dominante Sorten

- Eignen sich gut für den Anbau in Innenräumen
- Sind normalerweise kleinwüchsiger als *sativa*-dominante Sorten

- Erzeugen ein beruhigendes High, möglicherweise mit therapeutischer Wirkung

Beispiele für *indica*-dominante Sorten: Blueberry, Bubblicious, White Rhino und Skunk Kush.

PROFI-TIPP:
ACHTEN SIE AUF HOCHWERTIGES SAATGUT!

Obwohl viele Grower mit einfachen Bagseeds (Samen mit unklaren genetischen Eigenschaften, die man zufällig in einer Tüte mit gekauften Marihuanaknospen gefunden hat) angefangen haben, sollten Sie lieber nicht mit minderwertigem Saatgut in Ihre Grower-Karriere starten. Ihr Marihuana wird nur so gut sein wie die Zeit, das Geld und die Mühe, die Sie in den Anbau investieren – und dazu gehört auch, qualitativ hochwertiges Saatgut zu kaufen, weil die daraus entstehenden Pflanzen nun einmal die besten genetischen Eigenschaften aufweisen.

Es gibt Dutzende von *sativa*- und *indica*-dominanten Marihuana-Sorten auf dem Markt; also nehmen Sie sich genügend Zeit, um im Internet nähere Informationen darüber zu sammeln. Recherchieren Sie, welche Sorten (vor allem bei Anfängern) beliebt sind. Falls Sie Grower kennen, fragen Sie sie, für welche Sorten diese sich entschieden haben. Im Anhang meines Buches finden Sie Informationsquellen, die Ihnen den Einstieg in diese Recherchen erleichtern.

GUTE BEZUGSQUELLEN FÜR SAMEN FINDEN

Wenn Sie sich für eine Sorte entschieden haben, ist es an der Zeit, Ihr Saatgut zu kaufen. Hier ein paar Anhaltspunkte für die Suche nach Bezugsquellen:

1 **Leute aus Ihrem Bekanntenkreis.** Falls Sie jemanden kennen, der hochwertiges Marihuana anbaut, ist dies einer der besten und sichersten Wege, um sich eigene Samen (oder Klone!) zu beschaffen. (Nähere Informationen über Klone finden Sie im Abschnitt „Klonen" in diesem Kapitel.) Das ist die beste Garantie dafür, die gewünschten genetischen Eigenschaften zu erhalten; außerdem unterstützen Sie andere Grower, indem Sie ihnen ein Geschäft anbieten.

2 **Online-Foren.** Wenn Sie niemanden kennen, der Marihuana anbaut, können Sie im Internet Informationen mit anderen Growern austauschen. Es gibt viele etablierte Facebook-Gruppen, Reddit-Foren und andere Webseiten, auf denen Grower einander Tipps geben, Fragen beantworten und Saatgut oder Pflanzen kaufen. Also machen Sie sich auf die Suche nach vertrauenswürdigen Online-Quellen. In diesen Communities finden Sie immer jemanden, der Ihnen gerne hilft – Sie brauchen nur zu fragen!

3 **Samenbanken.** Das sind Züchter und Verkäufer von Marihuana-Samen. Achten Sie darauf, dass es sich um eine seriöse Samenbank handelt, und recherchieren Sie genau, bevor Sie etwas bestellen! Suchen Sie nach Samenbanken mit einer Online-Präsenz, die eine Dot-Com-Adresse hat, E-Mail- oder Telefonsupport anbietet und andere Hinweise auf ein legitimes Geschäft enthält. Oft findet man im Internet auch Empfehlungen zu Samenbanken, Anbauberichte und Bewertungen. (Allerdings sollte Ihnen bewusst sein, dass es dort ebenso wie bei anderen E-Tailern auch viele gefälschte Rezensionen gibt.) Außerdem ist es sinnvoll, vor dem Kauf nähere Informationen bei der Samenbank einzuholen. Gute Samenbanken können Ihnen bei der Sortenwahl helfen, und Sie

können auch Fragen zu Sicherheit, Versand, Bearbeitungsdauer, Lieferzeit, Rücksendebedingungen für beschädigtes Saatgut und anderen Anliegen stellen, die Sie beschäftigen. Fragen Sie auch nach, ob die von Ihnen gewählte Samenbank Ihren Versandort überhaupt beliefert (vor allem, wenn Sie ein Postfach verwenden).

4 **Zahlungsmethode und Versanddaten.** Kaufen Sie niemals Saatgut per Kreditkarte, sondern lieber per Zahlungsanweisung, mit Bargeld oder Kryptowährungen wie Bitcoin. Und lassen Sie sich die Samen nach Möglichkeit an einen Ort liefern, der nicht Ihr Zuhause oder Ihr Anbauort ist!

5 **Kosten.** Sie müssen schon einiges ausgeben. Samen werden normalerweise in Päckchen zu 10 oder 20 Stück verkauft, und gute Qualität kostet entsprechend mehr. Denken Sie daran: Gute genetische Eigenschaften sind ihren Preis wert; also planen Sie diese Kosten in Ihr Anbaubudget ein.

SAMEN KEIMEN

Wenn Sie Ihr Saatgut erhalten, sollten Sie es zunächst einmal überprüfen. Gesunde Marihuana-Samen sind fest und leicht eiförmig, braun und manchmal gestreift oder gesprenkelt. Sie sollten nicht gespalten, runzelig oder ausgetrocknet sein.

Wenn Sie mit den gekauften Samen zufrieden sind, können Sie mit der Anzucht beginnen. Marihuana-Samen brauchen normalerweise zwei bis zehn Tage zum Keimen; je nach Temperatur und dem Saatgut selbst kann es aber auch länger dauern. Die Keimung erfolgt fast immer drinnen, egal ob Sie Ihre Pflanzen später in den eigenen vier Wänden oder draußen kultivieren wollen.

Das Keimen von Marihuana-Samen ist nicht schwierig. Es gibt verschiedene Methoden dazu, die ich Ihnen auf den nächsten Seiten erläutern möchte. Lesen Sie sich diese Beschreibungen erst einmal durch, bevor Sie entscheiden, welche die richtige für Sie ist.

PROFI-TIPP: LASSEN SIE ES LANGSAM ANGEHEN!

Beim Keimen Ihres Saatguts sollten Sie anfangs auf ein paar Enttäuschungen gefasst sein und entsprechende Vorsichtsmaßnahmen ergreifen – vor allem, wenn Sie eine Menge Geld ausgegeben und wochenlang auf die Lieferung Ihres Saatguts gewartet haben. Selbst die besten Samen haben wahrscheinlich keine hundertprozentige Keimrate. Wenn Sie also zehn Samen bestellt haben, versuchen Sie zunächst, nur fünf zum keimen zu bringen; die anderen fünf kommen erst sieben bis zehn Tage später dran. Sie könnten sogar erst einmal nur drei Samen und dann nach und nach immer wieder ein paar mehr keimen lassen. Und natürlich sollten Sie die Keimraten schriftlich festhalten, um herauszufinden, welche Keimmethode bei Ihnen am besten funktioniert.

Abgesehen von den wichtigsten Keimmethoden, auf die ich weiter unten noch eingehe, können Sie die Samen auch direkt in kleine Behälter legen, beispielsweise in Torftöpfe mit 7,5 bis 10 cm Durchmesser. Füllen Sie die Töpfe einfach mit Anzuchterde und wässern Sie sie, bis die Erde gut feucht ist. Dann legen Sie in jeden Behälter einen Samen, und zwar so tief, wie das Samenkorn lang ist. Nach der Aussaat können Sie die Töpfe in ein Anzuchtregal unter eine Lichtquelle oder in eine Anzuchtschale mit Deckel stellen. Halten Sie sie warm (24 bis 27 °C) und feucht, bis die Pflanzen ihre ersten winzigen Blättchen austreiben.

TORFQUELLTÖPFCHEN

Diese kleinen Plättchen aus Sphagnumtorf, allgemein bekannt als „Jiffy-Torfquelltöpfchen“ oder Torfpellets, sind in vielen Baumärkten und im Gartenfachhandel erhältlich. So keimt man Marihuana-Samen in Torfquelltöpfchen:

1. Legen Sie die Pellets im Abstand von 7 bis 10 cm in eine große Anzuchtschale.
2. Begießen Sie sie mit zimmerwarmem Wasser, bis sie aufquellen.
3. Drücken Sie in jedes aufgequollene Töpfchen einen Samen, und zwar so tief, wie das Samenkorn lang ist.
4. Stellen Sie die Anzuchtschale an einen warmen, dunklen Platz, bis die ersten noch unreifen Blätter (sogenannte Keimblätter) hervorsprießen. Achten Sie darauf, die Pellets ständig feucht zu halten; sie sollten aber nicht vor Nässe triefen. Die Umgebungstemperatur soll zwischen 24 und 27 °C liegen.

Sobald die ersten, noch sehr kleinen grünen Blätter erscheinen, wissen Sie, dass Ihre Samen ausgekeimt sind und dass Ihre Pflänzchen jetzt ins Sämlingsstadium eintreten. Während dieser Phase können die Sämlinge in den Torfpellets bleiben.

MULLTUCH ODER KÜCHENVLIES

Das ist eine sehr beliebte und einfache Methode zum Keimen von Samen. Mull- oder Seihtücher gibt es in jedem Lebensmittel- oder Haushaltswarengeschäft zu kaufen. Sie können stattdessen aber auch Küchenvlies verwenden, das Sie wahrscheinlich bereits im Haus haben. Und dann gehen Sie einfach folgendermaßen vor:

1. Weichen Sie Ihre Samen für drei Stunden in einer Schüssel mit frischem, sauberem, zimmerwarmem Wasser ein.
2. Nun kommen die Samen auf ein feuchtes Mull- oder Küchentuch, das Sie auf einem großen Teller ausgebreitet haben.
3. Streuen Sie die Samen lose auf das Tuch und decken Sie sie dann mit einer zweiten angefeuchteten Schicht Mull- oder Küchentuch ab.
4. Stellen Sie den Teller an einen warmen, dunklen Ort, und zwar am besten so, dass er mithilfe einer Stütze schräg oder ganz senkrecht

steht, damit die Pfahlwurzel (Hauptwurzel) „weiß", dass sie nach unten wachsen muss. Auch hier gilt: In warmer Umgebung (24 bis 27 °C) keimen Ihre Samen schneller!

5 Besprühen Sie das Papier- oder Mulltuch täglich mit Wasser, um die Samen feucht zu halten. Vorsicht: Bei dieser Methode können die Samen leicht austrocknen oder verfaulen, also machen Sie bei jedem „Gießen" einen Strich auf eine Liste.

6 Überprüfen Sie Ihre Samen nach drei Tagen, um zu sehen, ob die weißen Pfahlwürzelchen schon ausgetrieben sind. (Sie sehen wie kleine weiße Schwänzchen aus.)

Sobald die Pfahlwurzeln zu sehen sind, können Sie die Samen in Anzuchtschalen umsetzen. Das ist allerdings nicht ihr endgültiger Bestimmungsort: Anzuchtschalen sind die ersten kleinen Behälter, in denen die Pflänzchen ihren Lebenszyklus beginnen, bevor sie in ihre endgültigen Gefäße für die Wachstumsphase verpflanzt werden. Nähere Informationen dazu finden Sie im Abschnitt über Sämlinge weiter unten in diesem Kapitel.

KEIMBEHÄLTER MIT STEINWOLLE

Steinwolle ist ein faseriges Material, das hervorragende wasser- und luftleitende Eigenschaften besitzt. Die zum Keimen von Samen verwendete Steinwolle wird normalerweise in 5-cm-Würfeln verkauft. Die Anzucht von Samen in Steinwolle ist bei Indoor- ebenso wie Outdoor-Growern gleichermaßen beliebt, da die Keimrate bei dieser Vorgehensweise hoch ist und sie sich sowohl für den Container-Gartenbau als auch für Hydrokulturen und ähnliche Anbaumethoden eignet.

Wenn Sie Ihre Samen in Steinwolle keimen lassen möchten, lohnt sich vielleicht die Anschaffung eines Anzuchtsets mit Steinwollblöcken. Solche Sets sind im Internet überall erhältlich; sie enthalten Steinwollblöcke, eine Anzuchtschale, einen Deckel zur Erhaltung der Luftfeuchtigkeit und Bewurzelungshormone. Sie müssen nur darauf achten, die Samen richtig in die Steinwolle hineinzuschieben; sonst kann es passieren, dass sie durch ihre eigenen sich bildenden Wurzeln nach oben aus der Wolle herausgedrückt werden und absterben.

Außerdem sollten Sie bei der Verwendung von Steinwolle entsprechende Sicherheitsvorkehrungen treffen. Steinwolle gibt nämlich feine Fasern an die Umgebungsluft ab, die gesundheitsgefährdend sein können, wenn man sie einatmet; daher ist es sinnvoll, eine Atemschutzmaske zu tragen.

So lassen Sie Ihre Samen in Steinwolle keimen:

1. Weichen Sie die Steinwollblöcke bis zu 24 Stunden lang in einem großen Behälter mit zimmerwarmem Wasser ein, damit sie sich mit Feuchtigkeit vollsaugen. Auf diese Weise haben Sie gleichzeitig die Möglichkeit, den pH-Wert der Steinwolle zu korrigieren. Als Anzuchtmedium hat Steinwolle einen pH-Wert von etwa 7,8, ist also alkalischer als der Wert, den Ihre Cannabis-Pflanzen benötigen. (Höherer pH-Wert = alkalisch; niedrigerer pH-Wert = sauer.) Sie können den pH-Wert mithilfe handelsüblicher pH-Regulatoren korrigieren, um ihn in einen idealen Bereich von 5,8 bis 6,3 zu bringen.

2. Nach dem Einweichen der Steinwolle stecken Sie in die kleinen Öffnungen, die sich in den Blöcken befinden, jeweils einen Samen und drücken ihn so tief hinein, dass er während des Keimens nicht herausgehoben werden kann. Die ideale Tiefe entspricht in etwa der Länge eines Samenkorns.

3. Decken Sie die Schale mit dem Deckel (falls Sie ein Anzuchtset gekauft haben) oder mit irgendeiner anderen Plastikhaube mit Luftabzugslöchern oder -schlitzen ab, um Ihren Sämlingen mehr Wärme und Luftfeuchtigkeit zu bieten. Achten Sie darauf, dass die Löcher oder Schlitze geöffnet sind, um einen Luftaustausch zu ermöglichen. (Sie können die Abdeckung auch mithilfe einer Stütze schräg stellen.)

4. Stellen Sie die Anzuchtschale an einen warmen Ort, aber ohne direkte Sonneneinstrahlung, damit die Samen nicht verbrennen. Die ideale Temperatur liegt zwischen 24 bis 27 °C. Eine

Temperatur unter 21° verlangsamt das Wachstum; bei einer Temperatur über 32° nimmt die Keimrate ab.

Während Sie auf das Keimen Ihrer Samen warten, sollten Sie nicht der Versuchung erliegen, allzu viel daran herumzuhantieren, andauernd nachzuschauen oder womöglich gar das Anzuchtmedium beiseitezuschieben, um zu sehen, ob es „schon so weit ist". Samen keimen am besten in ruhiger, ungestörter Umgebung.

Sobald die Keimblättchen hervorgesprossen sind, tritt Ihre junge Pflanze ins Sämlingsstadium ein. Einer der großen Vorteile von Steinwolle besteht darin, dass Sie die empfindlichen Sämlinge dabei im Gegensatz zur Mulltuch- oder Küchenvliesmethode nicht mehr umsetzen müssen: Sie können sie einfach in den Steinwollblöcken weiterwachsen lassen, in denen sie gekeimt sind. Nähere Informationen zur Pflege Ihrer Sämlinge finden Sie weiter unten.

PROFI-TIPP: VERZICHTEN SIE AUF ALLE EXTRAS!

Ihre Cannabis-Samen dürften während der Keimphase keine Dünger, Hormone oder andere Behandlungen benötigen. Samen und Keimlinge reagieren sogar sehr empfindlich auf Düngemittel: Ihre zarten Wurzeln können dadurch leicht beschädigt werden („verbrennen"), was zum Absterben der Pflanze führt. Als Anfänger sollten Sie Ihre Sämlinge einfach nur mit klarem Wasser gießen (am besten mit destilliertem Wasser, da die Samen selbst alle Nährstoffe und Hormone enthalten, die sie für ihren Start ins Leben brauchen) und sie erst dann mit chemischen Substanzen zur Förderung der Keimung behandeln, wenn Sie mehr Erfahrung im Anbau von Marihuana haben. Das gilt auch dann, wenn Sie sich ein Anzuchtset mit Steinwollblöcken und Keimungshormonen gekauft haben. Die einzige Chemikalie, die Sie möglicherweise benötigen, ist eine pH-Korrekturlösung während des Einweichens der Steinwolle; doch sobald Sie die Samen in die Blöcke gedrückt haben, brauchen Sie sie nur noch mit normalem Wasser zu gießen.

SÄMLINGE RICHTIG PFLEGEN

Wenn Ihre Samen keimen, bilden sie zunächst sogenannte Keimblätter. Das sind embryonale Blätter, die dazu dienen, die biologischen Lebensprozesse der Pflanze in Gang zu setzen. Keimblätter sehen nicht wie normale Cannabis-Blätter aus: Sie sind oval mit glatten Rändern (siehe Abb. 2.1). Eine junge Pflanze, die nicht aus einem Steckling, sondern aus einem Samen gezogen wurde, kann man stets an diesen an einem kurzen Stiel sitzenden Keimblättern erkennen. Normalerweise fallen die Keimblätter ab, nachdem die Pflanze begonnen hat, reife, gezähnte Blätter auszutreiben.

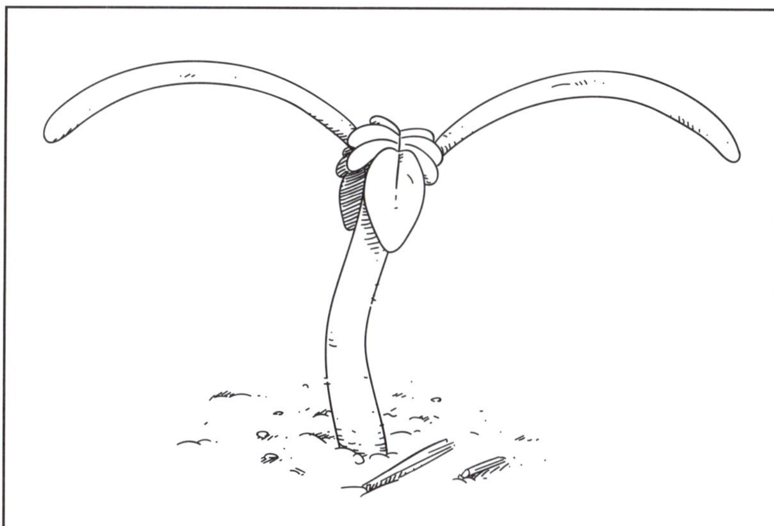

▲ Abbildung 2.1: Sämling

Sobald die Cannabis-Samen gekeimt sind, müssen Sie sich sorgfältig um Ihre Pflänzchen kümmern, damit sie gut gedeihen. Ebenso wie die Keimphase findet auch das Sämlingsstadium stets im Haus oder in der Wohnung statt, egal ob Sie Ihre Pflanzen später drinnen oder draußen anbauen möchten. Wenn Sie zum Keimen der Samen Torfpellets oder Steinwolle verwendet haben, können Sie die Sämlinge in diesem Anzuchtmedium belassen. Bei der Mulltuch- oder Küchenvliesmethode dagegen müssen sie in Behälter umgesetzt werden. Fasertöpfe eignen sich hervorragend für diesen Zweck, da sie biologisch abbaubar sind und sich später leicht umpflanzen lassen. Außerdem müssen Sie Ihre jungen Pflanzen in ein schonendes, speziell für Sämlinge geeignetes Anzuchtsubstrat eintopfen. (Normalerweise steht auf dem Etikett „Anzuchterde bzw. Anzuchtsubstrat für Sämlinge".) Setzen Sie die Pflänzchen mit der Pinzette vorsichtig einen guten Zentimeter tief in die Erde, und zwar so, dass das „Schwänzchen" nach unten zeigt.

Sämlinge sind noch sehr empfindlich. In der ersten Aufregung begeht man leicht den Fehler, es mit dem Gießen und Düngen zu übertreiben. Daher habe ich hier ein paar wichtige Tipps für die Pflege Ihrer Sämlinge für Sie zusammengestellt:

- **Sorgen Sie für eine ausreichende Beleuchtung.** Die jungen Pflanzen brauchen mindestens 18 Stunden Licht pro Tag, es können auch bis zu 24 Stunden Dauerbeleuchtung sein. (Letzteres wird empfohlen.) Die meisten Grower gönnen ihren Sämlingen eine kontinuierliche Beleuchtung.
- **Achten Sie auf die richtigen Lampen!** Verwenden Sie entweder normale Leuchtstoffröhren oder Vollspektrum-LED-Leuchten. Solche Leuchten sind sehr empfehlenswert, da sie kostengünstig sind und nicht viel Wärme abstrahlen. Einfache LED-Pflanzenlampen reichen für Ihre Sämlinge völlig aus.
- **Vermeiden Sie zu viel Wärme.** Positionieren Sie Ihre Lampen im empfohlenen Abstand von der Oberseite des Pflanzbehälters oder der Sämlinge. Normalerweise werden die Lampen nur ein paar

Zentimeter oberhalb der Pflanzen angebracht, damit diese möglichst viel Licht bekommen. Überprüfen Sie mit der Hand, ob Ihre Sämlinge durch die Lampen keiner übermäßigen Hitze ausgesetzt sind!

- **Achten Sie auf die Luftfeuchtigkeit!** Am besten eignet sich eine Umgebungstemperatur von 26 bis 27 °C mit hoher Luftfeuchtigkeit. Falls die Luftfeuchtigkeit zu niedrig sein sollte, belassen Sie den Deckel länger auf der Anzuchtschale oder besprühen Sie die Sämlinge täglich.
- **Gießen Sie Ihre Pflänzchen gründlich.** Halten Sie das Anzuchtsubstrat stets feucht. Es sollte nicht pitschnass sein, aber auch nicht austrocknen (siehe Profi-Tipp zum Thema Welkekrankheit weiter unten in diesem Kapitel).
- **Stützen Sie sie bei Bedarf ab.** Wenn Ihre Sämlinge wachsen, müssen Sie sie vielleicht mit dünnen Bambusstäben abstützen, damit sie nicht umfallen. Es ist durchaus üblich, zwei oder sogar drei solcher Stäbe pro Pflanze zu verwenden, um ihnen die nötige Stütze zu bieten. Aber drücken Sie die Stäbe vorsichtig in die Erde, um die Wurzeln nicht zu beschädigen!
- **Gehen Sie sparsam mit Dünger um.** Zumindest in der ersten Woche des Sämlingsstadiums sollten Sie ganz auf Dünger verzichten. Falls Sie überhaupt Düngemittel verwenden möchten, versuchen Sie es mit einem sehr dünnen Komposttee aus Fledermausguano-Dünger oder einem stark verdünnten pflanzlichen Dünger. Zu starke Düngemittel können die zarten Wurzeln der Sämlinge schädigen!
- **Achten Sie auf die Wurzeln.** Die größeren Sämlinge werden vielleicht schon bald aus ihrem ersten Behälter herauswachsen. Dann müssen Sie sie für den Rest der Sämlingsphase in ein größeres Gefäß umpflanzen, das ihren Wurzeln genügend Platz bietet.

WORAN ERKENNT MAN, OB DER TOPF ZU KLEIN IST?

Wenn eine Pflanze aus ihrem Behälter herausgewachsen ist, bekommt sie nicht mehr genügend Sauerstoff und Nährstoffe, um gut zu gedeihen. Das können Sie überprüfen, indem Sie die Pflanze vorsichtig aus dem Topf heben und sich den Wurzelballen anschauen. Wenn keine Erde, sondern nur noch eine Masse weißer Wurzeln sichtbar ist, muss die Pflanze umgetopft werden. In zu kleinen Töpfen wachsen Pflanzen zu langsam oder gar nicht mehr.

Ein Umpflanzen kann in dieser Phase auch dann notwendig sein, wenn Sie Ihre Pflanzen direkt in Behälter gesät haben, und zwar mehr als einen Samen pro Gefäß. Normalerweise wird empfohlen, nicht mehrere Pflanzen in denselben Behälter zu säen, da das Umpflanzen ein Schock für die empfindlichen Sämlinge ist und sie leicht Schaden nehmen können, wenn Sie ihre Wurzeln von denen der Nachbarpflanze entwirren. Außerdem müssen Sie dann vielleicht irgendwann schwächere Pflanzen aussortieren, damit die stärkeren gedeihen können. Bitte beachten Sie beim Umpflanzen in dieser Phase die unten stehenden Tipps und Hinweise. Obwohl es dabei in erster Linie um das Umsetzen von Sämlingen für die nächste Wachstumsphase geht, gelten sie auch während der Sämlingsphase.

PROFI-TIPP: SO BEUGEN SIE DER WELKEKRANKHEIT VOR

Die sogenannte Welkekrankheit ist bei Sämlingen weit verbreitet, und leider gehen sie dadurch ein. Diese Krankheit wird durch übermäßiges Wachstum des Pythium-Pilzes auf den jungen Pflanzen verursacht. Normalerweise tritt sie bei Kälte und Nässe auf. Die Sämlinge welken dann plötzlich und knicken um. Es gibt keine Behandlung für diese Krankheit. Um ihr vorzubeugen, sollten Sie Ihre Sämlinge feucht, aber nicht nass und warm halten.

Ein wichtiger Faktor, an den Sie bei der Pflege Ihrer Sämlinge denken sollten, ist die Tatsache, dass junge Pflanzen naturgemäß unterschiedlich schnell wachsen. Also machen Sie sich keine Sorgen, wenn manche ein bisschen länger brauchen! Das Sämlingsstadium dauert ein bis drei Wochen. Danach können die Sämlinge an ihren dauerhaften Standort verpflanzt werden.

UMPFLANZEN VON SÄMLINGEN

Da das Sämlingsstadium ein bis drei Wochen dauert, müssen Sie entscheiden, wann Sie Ihre Pflanzen für das Wachstumsstadium an ihren endgültigen Standort, also in größere Töpfe oder Container, entweder drinnen oder draußen – je nachdem, wo Sie Ihr Marihuana anbauen möchten – umsetzen sollen. Woher weiß man, wann der richtige Zeitpunkt dafür gekommen ist? Mit ein bisschen Erfahrung entwickelt man einen Instinkt dafür; doch für Anfänger besteht eine gute Faustregel darin, zu warten, bis der Sämling mindestens drei reife Blattpaare ausgebildet hat. Wenn Sie das Gefühl haben, dass Ihre Pflanzen noch zu schwächlich aussehen, um ein Umpflanzen zu verkraften, vertrauen Sie auf Ihr Bauchgefühl und warten Sie lieber noch eine Woche.

WIE WERDEN SÄMLINGE UMGEPFLANZT?

Wenn Sie für die Anzucht Torfpellets oder Steinwollblöcke verwendet haben, ist das Umpflanzen Ihrer Sämlinge ein Kinderspiel: Setzen Sie die Pellets oder Blöcke einfach im Ganzen in die neuen, größeren Behälter hinein. Sie können sie direkt in Torftöpfe mit einem Durchmesser von 7,5 cm umsetzen, wobei Sie jedoch nur einen Topf pro Sämling verwenden sollten. Füllen Sie den neuen Behälter teilweise mit einer normalen Erdmischung, legen Sie das Pellet oder den Steinwollwürfel hinein und füllen Sie das Gefäß mit weiterer Erde auf, bis es voll ist. Gießen Sie sofort danach, um die neue Erde zu durchfeuchten.

Wenn Sie Ihre Pflänzchen in Steinwollblöcke umsetzen möchten, legen Sie einfach jeden Sämlingswürfel in einen größeren unbenutzten Steinwollblock oder setzen Sie ihn auf einen noch unbenutzten Block. Keine Sorge: Die Wurzeln wachsen in den neuen Steinwollblock hinein.

Bei der Mulltuch- oder Küchenvliesmethode haben Sie die gekeimten Samen ja inzwischen bereits in andere Behälter umgepflanzt. Falls sie nicht aus diesen Gefäßen herausgewachsen sind, brauchen Sie gar nichts zu tun. Und wenn Sie Ihre Pflanzen direkt in einen Behälter ausgesät haben, sind Ihre Sämlinge inzwischen möglicherweise ebenfalls für die Wachstumsphase bereit, ohne umgetopft werden zu müssen. Wenn Sie die Sämlinge jedoch umsetzen müssen (z .B. weil die bisherigen Töpfe zu klein geworden sind), können Sie sie mit einer der folgenden Methoden vorsichtig aus ihren Behältern entnehmen:

- **Umdrehen und Klopfen.** Das geht am einfachsten, wenn die Erde in dem Topf ein bisschen trockener und gut verdichtet ist. Drehen Sie den Topf vorsichtig um und klopfen Sie auf seine Unterseite, bis die Pflanze mitsamt dem Wurzelballen herausrutscht. Der Sämling liegt nun mit dem „Kopf" nach unten zwischen Ihren Fingern. Zum Umpflanzen lassen Sie den Wurzelballen vorsichtig in den neuen, größeren Behälter gleiten und füllen diesen dann mit so viel Erde auf, bis alle Wurzeln bedeckt sind. Achten Sie darauf, die Wurzeln der jungen Pflanze dabei nicht zu beschädigen.
- **Abschneide-Methode.** Schneiden Sie den Boden und einen Teil der Seitenwände des ursprünglichen Behälters einfach weg. Bei Plastiktöpfen kann das schwierig sein; daher sollte man Pflanzen nicht in solchen Töpfen aussäen. Torf- oder Styroportöpfe lassen sich leicht einschneiden. Dann die so befreite Pflanze umtopfen.
- **Die Notlösung: ausbuddeln und beten.** Bei dieser Methode ist das Risiko, die zarten Wurzeln zu beschädigen, am größten. Daher sollten Sie nur dann darauf zurückgreifen, wenn es gar nicht anders geht. Dabei wird das Pflänzchen aus seinem ursprünglichen Topf „ausgegraben" (wobei möglichst viele Wurzeln unversehrt bleiben

sollten) und in den neuen Behälter gesetzt. Man kann den kleinen Wurzelballen mit gewöhnlichem Küchenbesteck (z. B. Buttermesser und Löffel) vorsichtig herausheben und umsetzen. Auf diese Weise verpflanzte Setzlinge müssen in ihrem neuen Behälter mit Bambusstäben abgestützt werden.

Wenn man seine Pflänzchen während der Sämlingsphase verpflanzen muss, wählt man dafür normalerweise einen Topf, der einen höchstens 5 cm größeren Durchmesser hat als der vorherige. Sobald Ihre Cannabis-Pflanzen groß genug sind, um in ihre endgültigen Behälter für die Wachstumsphase gepflanzt zu werden (d. h. wenn sie mindestens vier reife Blattpaare haben), können Sie Standard-Gartentöpfe oder -kübel mit einer Größe von 10 cm Durchmesser oder Gefäße bis zu 3,8 Liter Fassungsvermögen verwenden.

ABHÄRTEN DER SÄMLINGE

Wenn Sie Ihre Pflanzen im Freien anbauen möchten, müssen Sie die Sämlinge „abhärten", bevor Sie sie endgültig nach draußen verpflanzen. Beim Indoor-Anbau ist das nicht notwendig, weil man dabei alle Wachstumsbedingungen genau unter Kontrolle hat, sodass die Pflanzen nicht mit belastenden Umweltfaktoren wie Wind, Regenfällen und vor allem direkter Sonneneinstrahlung zu kämpfen haben. Doch auch beim Indoor-Anbau müssen Sie Ihre Sämlinge vor dem Umpflanzen in die für die Wachstumsphase bestimmten Behälter möglicherweise abhärten, wenn sie sehr dünne, schwache Stiele haben.

Das Abhärten ist ein Prozess, bei dem man junge Pflanzen langsam an ihre endgültige Umgebung gewöhnt. Bis zu diesem Zeitpunkt haben sie noch in einer sehr geschützten Umgebung gelebt, wurden von Leuchtstoffröhren oder LED-Lampen beschienen und kamen ständig in den Genuss hoher Luftfeuchtigkeit und milder Temperaturen. Würde man die Sämlinge jetzt sofort starken Winden und vollem Sonnenlicht aussetzen, so würden sie an der Sonne verbrennen. Wenn Ihnen ein Raum im Freien

– beispielsweise ein Balkon – zur Verfügung steht, stellen Sie Ihre Sämlinge vormittags für ein paar Stunden nach draußen, damit sie ein bisschen Sonnenlicht tanken können. Verlängern Sie die Zeit, die Ihre Pflanzen draußen verbringen, ganz allmählich, bis sie die volle Nachmittagssonne vertragen. Sie können auch allmählich einen stärkeren Luftstrom mit einem Ventilator erzeugen, um sie an Wind zu gewöhnen. Sobald die Pflänzchen für das Wachstum im Freien bereit sind, sollten Sie sie mit Bambusstäben abstützen. Der gesamte Abhärtungsprozess dürfte nur ein bis zwei Wochen dauern. Dann sind Ihre Pflanzen vollständig an die im Freien herrschenden Witterungsbedingungen gewöhnt, und Sie können sie an ihren endgültigen Standort bringen.

KLONEN: ANZUCHT OHNE SAMEN

Bisher ging es in diesem Kapitel um die Aufzucht von Cannabis-Pflanzen aus Samen. Doch vielleicht wird es Sie überraschen, dass ein Großteil des heute im Handel erhältlichen Marihuanas nicht aus Samen, sondern aus Klonen gezogen wird. Ein Klon ist eine genaue genetische Kopie seiner Ursprungspflanze. Das Ziehen von Pflanzen aus Klonen bezeichnet man als „ungeschlechtliche Vermehrung“, weil dabei keine Befruchtung und keine Vermischung von genetischem Material stattfinden. Stattdessen werden Klone aus Stecklingen einer vom Züchter eigens für diesen Zweck bestimmten „Mutterpflanze“ herangezogen.

Sobald Sie ein bisschen mehr Erfahrung im Marihuana-Anbau haben, können Sie selbst Klone aus Mutterpflanzen ziehen. Doch auch als Anfänger könnten Sie fündig werden: Viele Grower tauschen Stecklinge untereinander aus. Falls sich in der Nähe Ihres Wohnorts andere Züchter oder Produktionsgemeinschaften befinden, können Sie also versuchen, sich auf diese Weise Klone zu beschaffen.

Der Marihuana-Anbau mit Stecklingen bietet einige Vorteile, zum Beispiel:

- Niedrigere Kosten
- Eine geringere Ausfallrate
- Sie kennen die genetischen Eigenschaften Ihrer Pflanzen
- Wenn der Steckling von einer weiblichen Pflanze stammt, ist er garantiert ebenfalls weiblichen Geschlechts
- Schnellere Blüte
- Man kann mehr Pflanzen produzieren

WAS SOLLTE MAN BEIM KLONEN BEACHTEN?

Fürs Klonen braucht man eine möglichst hochwertige Mutterpflanze; denn die von dieser Pflanze entnommenen Stecklinge werden genau das gleiche genetische Profil haben wie ihre Mutter. Solange man eine Pflanze fürs Klonen verwendet, sollte man sie in der vegetativen Phase halten. In Innenräumen erreicht man dies durch Aufrechterhaltung eines 18:6-Beleuchtungszyklus (18 Stunden Licht und 6 Stunden Dunkelheit pro 24 Stunden). Man sollte die Stecklinge vom unteren Teil der Pflanze abschneiden, weil dort das natürlichste Bewurzelungshormon zur Verfügung steht, was die Erfolgschancen erhöht.

Auch wenn es zunächst vielleicht ein bisschen schwierig klingt, ist das Klonen von Cannabis-Pflanzen eigentlich ganz einfach, sofern Sie eine Mutterpflanze haben, von der Sie Stecklinge abnehmen können. Halten Sie sich beim Klonen an die folgenden Schritte:

1. Wählen Sie einen Steckling vom unteren Teil der Mutterpflanze. Oberhalb der Schnittstelle sollten sich mindestens zwei Blattknoten befinden.
2. Trennen Sie den Stiel des von Ihnen gewählten Stecklings mit einem sterilen Messer in einem 45-Grad-Winkel von der Mutterpflanze ab (siehe Abb. 2.2). Dadurch vergrößert sich die Schnittfläche mit lebensfähigen wurzelbildenden Zellen. Wenn Sie viele Stecklinge schneiden möchten, können Sie diese zwischendurch

in ein Glas mit zimmerwarmem frischem Wasser stellen; auf diese Weise verkraften sie den Schock leichter.

▲ Abbildung 2.2: Stecklinge

3 Sobald Sie Ihren Steckling abgeschnitten haben, kratzen Sie mit einem scharfen Messer die unterste Schicht des Stängels ungefähr einen halben Zentimeter dick ab und schneiden ihn dann mit dem Messer unten einen halben Zentimeter tief ein. Dadurch kommt ein möglichst großer Teil des Stiels mit dem Anzuchtsubstrat in Berührung, was die Wurzelbildung fördert.

4 Vor dem Einpflanzen tauchen Sie die Stecklinge in ein Bewurzelungshormon. Es gibt viele verschiedene Arten solcher Hormone in Pulver- oder Gelform. Sie sind in den meisten Gartencentern und in Online-Growshops erhältlich.

5 Setzen Sie den Steckling in das Anzuchtsubstrat. Die höchsten Erfolgsquoten erzielt man mit Anwurzelwürfeln aus Steinwolle; man kann aber auch Jiffy-Pellets oder sogar eine einfache, nicht mit Dünger angereicherte Torfmischung verwenden. Zum Einpflanzen stecken Sie den Klon mit dem Stiel nach unten in das Anzuchtsubstrat und drücken ihn dort fest oder füllen das Loch, das Sie für ihn gegraben haben, mit Substrat auf, um einen maximalen Kontakt zwischen Steckling und Substrat zu gewährleisten.

6 Stellen Sie Ihre Klone auf eine sonnige Fensterbank oder unter Pflanzenlampen. (Ähnlich wie bei den Sämlingen sollten Sie dafür entweder Leuchtstoffröhren oder LED-Pflanzenlampen verwenden.) Im Haus brauchen Ihre Klone 18 bis 24 Stunden Dauerlicht. Beim Outdoor-Anbau sollte der Lichtzyklus 18:6 betragen, damit Ihre Pflanzen nicht zu früh mit der Blüte beginnen, wenn Sie sie nach draußen bringen.

Genau wie Sämlinge schätzen auch Stecklinge eine warme Umgebung mit hoher Luftfeuchtigkeit. Sie können sie ähnlich wie Sämlinge mit einem durchsichtigen Deckel abschirmen, um Temperatur und Luftfeuchtigkeit zu erhöhen. Es gibt auch Anzuchtsets für Stecklinge, in denen alles enthalten ist, was Sie brauchen, inklusive Steinwollblöcke und Bewurzelungshormon. Denken Sie auch daran, dass Ihre Stecklinge anfangs keine Wurzeln haben! Also besprühen Sie sie regelmäßig mit klarem Wasser ohne Dünger, um sie feucht (aber nicht nass) zu halten. Sobald das normale vegetative Wachstum beginnt und die Pflanze reife Blattpaare austreibt (was normalerweise nach ein bis drei Wochen der Fall ist), können Sie langsam mit der Gabe von Dünger (auf ein Viertel verdünnt) beginnen.

Sobald Sie den Dreh ’raushaben, werden Sie feststellen, dass das Klonen eine hervorragende Möglichkeit ist, sehr schnell zu Cannabis-Pflanzen zu kommen. Mit dieser Methode können Sie leicht Dutzende oder sogar Hunderte von weiblichen Klonen auf einmal herstellen.

PROFI-TIPP: SCHNEIDEN SIE DIE BLATTSPITZEN AB!

Unmittelbar nach dem Einpflanzen Ihrer Klone sollten Sie die Blattspitzen abschneiden. Dadurch beugen Sie einem Gelbwerden der Blätter vor und senken das Risiko, dass die Stecklinge durch den Schock des Abschneidens und Einpflanzens eingehen. Sobald nach ein bis drei Wochen das regelmäßige Wachstum einsetzt, lassen Sie die neu ausgetriebenen Blätter natürlich wachsen und schneiden sie nicht wieder ab.

VORBEREITUNG AUF DEN ANBAU: WAS FÜR WERKZEUGE BRAUCHT MAN?

Zu diesem Zeitpunkt haben Sie sich bereits einige der Werkzeuge angeschafft, die man für den Marihuana-Anbau braucht; doch sobald die nächste Phase (vegetatives Wachstum im Haus oder draußen) beginnt, werden Sie wahrscheinlich noch ein paar zusätzliche Ausrüstungsgegenstände benötigen. Je nach Anbaumethode brauchen Sie vielleicht auch zusätzliches, spezielles Equipment, z. B. Material für die Anbringung von Pflanzenlampen. Hier eine Liste der wichtigsten Ausrüstungsgegenstände:

- Gartenschere
- Gartenhandschuhe (Cannabis-Blüten bilden viel klebriges Harz)
- Pflanzenetiketten zur Kennzeichnung Ihrer Sorten
- Ein Notizbüchlein, um über Ihren Marihuana-Anbau Buch zu führen
- Düngemittel und Nährstoffe
- Einen Boden-pH-Meter

FÜNF TIPPS, DIE SIE SICH MERKEN SOLLTEN

Mit Ihren Sämlingen und diesen überall im Handel erhältlichen Werkzeugen sind Sie nun bereit für den Marihuana-Anbau drinnen oder draußen. Doch bevor Sie damit beginnen, sollten Sie sich erst einmal das ganze Kapitel über die von Ihnen gewählte Anbaumethode durchlesen. Aber schauen Sie sich zunächst meine Zusammenfassung der fünf wichtigsten Informationen aus diesem Kapitel an! Folgende wichtige Tipps sollten Sie beim Start in Ihre „Karriere" als Marihuana-Grower beherzigen:

1. **Wählen Sie die Sorte aus, die sich am besten für die von Ihnen gewählte Anbaumethode eignet.** Entscheiden Sie, ob Sie Ihr Marihuana in Ihren eigenen vier Wänden oder draußen anbauen möchten, und recherchieren Sie dann, welche Sorten dafür geeignet sind.
2. **Gute genetische Eigenschaften = gutes Marihuana.** Kaufen Sie die allerbesten Samen, die Sie sich leisten können.
3. **Verwöhnen Sie Ihre Samen und Jungpflanzen.** Sie brauchen warme Temperaturen und hohe Luftfeuchtigkeit.
4. **Überfordern Sie die Pflänzchen nicht.** Verwenden Sie keine starken Düngemittel für Ihre Sämlinge.
5. **Seien Sie vorsichtig.** Halten Sie die Pflanzen feucht, aber nicht nass; achten Sie beim Umgang mit Sämlingen oder Stecklingen darauf, ihre empfindlichen Wurzeln oder Stängel nicht zu beschädigen.

KAPITEL 3

Indoor-Anbau von Marihuana

Für viele Menschen – auch für professionelle Grower – ist der Anbau von Marihuana in geschlossenen Räumen die einzig wahre Methode, um wirkungsvolles Marihuana zu produzieren. Und dank der zunehmenden Vielfalt an Ressourcen (sowohl physisch als auch online) ist es heute einfacher als je zuvor, Marihuana drinnen anzubauen. Allerdings geht diese Anbaumethode mit ein paar besonderen

Herausforderungen einher; z. B. muss man für die richtige Beleuchtung und auch für genügend Wasser und Nährstoffe sorgen. Außerdem stellt sich die wichtige Frage, wo denn der Anbau stattfinden soll.

Dieses Kapitel soll Ihnen den Einstieg in den Indoor-Anbau erleichtern! Hier finden Sie Tipps und Lösungen für alle Probleme, die diese Anbaumethode mit sich bringt, und vieles andere mehr. Außerdem werden Sie verschiedene Anbausysteme kennenlernen, um die beste Wahl für Ihre persönliche Situation treffen zu können. Also arbeiten Sie dieses Kapitel mindestens einmal gründlich durch, bevor Sie mit dem Anbau beginnen! Genau informiert zu sein, ist das beste Erfolgsrezept.

ERSTE SCHRITTE

Wenn Sie sich schon einmal Fotos von Growrooms im Internet angeschaut haben, sind Ihnen wahrscheinlich riesige Räume mit eindrucksvollen Hängelampen und professionellen Belüftungs- und Bewässerungssystemen aufgefallen. Da kommen einem natürlich schon Zweifel daran, ob man überhaupt die richtigen Voraussetzungen für einen eigenen Marihuana-Anbau mitbringt. Keine Sorge: Es gibt auch viel einfachere Systeme für den Anbau in geschlossenen Räumen, die jeder – egal ob Anfänger oder erfahrener Grower – installieren kann.

In diesem Kapitel werden Sie drei einfache Optionen für den Indoor-Anbau kennenlernen. Bei jeder dieser drei Methoden erlernen Sie nicht nur bestimmte Anbautechniken, sondern lernen auch die Cannabis-Pflanze selbst besser kennen. Diese Techniken eignen sich für sämtliche Lebensphasen der Pflanze: für das Sämlings-, Vorblüh- und Blütestadium ebenso wie für das vegetative Wachstum.

ANBAUZELTE

Das ist eine der neuesten Optionen für den Indoor-Anbau. Wie der Name schon sagt, handelt es sich dabei um Zelte, die speziell für gärtnerische Zwecke entwickelt wurden (siehe Abb. 3.1). Anbauzelte sind bei professionellen Marihuana-Anbauern sehr beliebt, weil man eine einzelne Anbaufläche damit leicht in verschiedene Bereiche unterteilen kann (einen zum Klonen, einen für das vegetative Wachstum, einen für die Blüte usw.).

Anbauzelte gibt es in verschiedenen Größen; im Internet findet man problemlos welche, die so klein sind, dass sie in die meisten Räume hineinpassen. Gute Anbauzelte haben reflektierende Innenflächen, damit die Pflanzen mehr Licht bekommen, und sind mit Belüftungs-, Beleuchtungs-, ja sogar mit CO_2-Anreicherungssystemen ausgestattet.

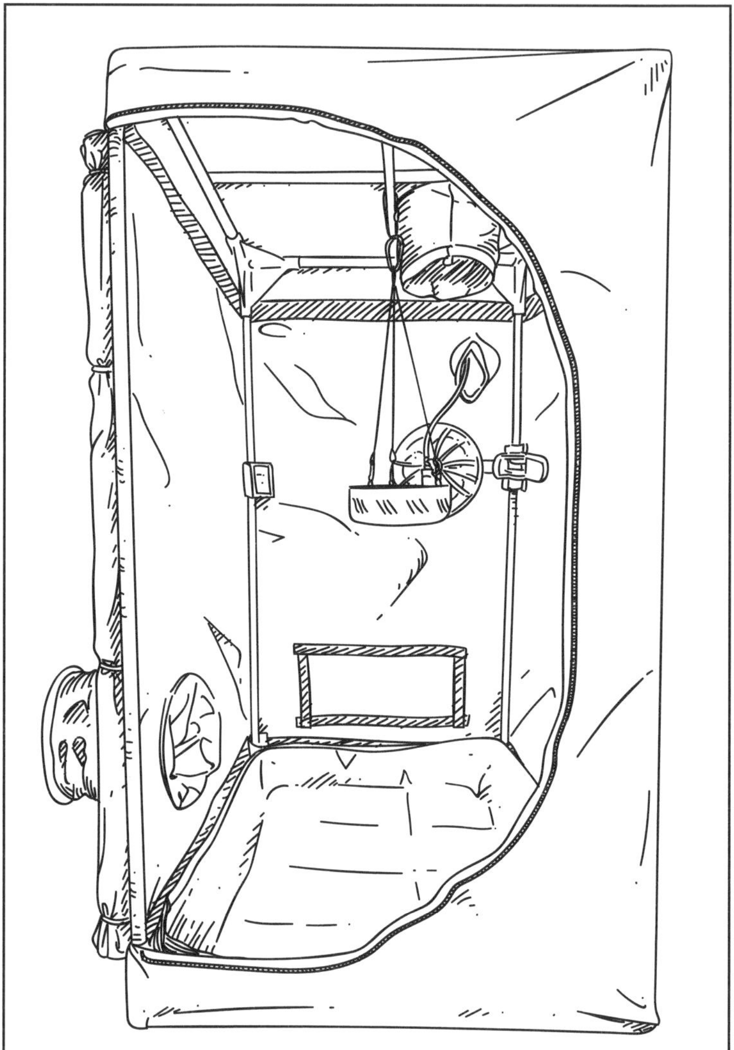

▲ Abbildung 3.1: Anbauzelt

Außerdem haben Anbauzelte auch noch weitere Vorteile:

- Sie sind in sich geschlossen, sodass Sie keine ganzen Räume in Anbauflächen umwandeln müssen.
- Sie sind ziemlich kostengünstig (gebrauchsfähige Zelte gibt es bereits für unter 100 Euro),
- für den Anbau von Pflanzen konzipiert, sodass Sie daran nichts mehr verändern oder anbringen müssen,
- lichtundurchlässig,
- geruchsneutral,
- schädlingsresistent und haustiersicher.

Halten Sie Ausschau nach einem Anbauzelt aus haltbaren Materialien mit hochwertigen Reißverschlüssen und Nähten – am besten auch mit eingebauten Fenstern, damit Sie Ihre Pflanzen regelmäßig inspizieren können, ohne den Anbauraum betreten zu müssen.

Achten Sie auch darauf, dass Ihr Anbauzelt hoch genug ist. Anfänger begehen häufig den Fehler, Zelte zu kaufen, die für Cannabis-Pflanzen zu niedrig sind oder keinen Platz mehr für das Anbringen von Lampen im nötigen Abstand von den Pflanzen bieten. Man kann Marihuana zwar auch in einem 1,20 x 1,20 m großen Zelt kultivieren; doch in einem 1,80 x 1,80 oder 2,40 x 2,40 m großen Zelt ist der Anbau sehr viel einfacher.

PROFI-TIPP: WÄHLEN SIE DAS RICHTIGE ANBAUSYSTEM FÜR IHRE SORTE!

Ihre Cannabis-Sorte sollte zu dem von Ihnen gewählten Anbausystem passen. Ein Zelt oder Pflanzschrank eignet sich hervorragend für *indica*-dominante Sorten, da diese kleiner sind als *sativa*-dominante Sorten und leicht in eine Form gebracht werden können, in der sie niedrig genug bleiben, um auch auf kleinem Raum Ertrag zu bringen.

ANBAUSCHRÄNKE

Anbauschränke haben große Ähnlichkeit mit Anbauzelten; im Gegensatz zu diesen weisen sie aber normalerweise eine solide Konstruktion auf, und oft erfordert es schon einige Heimwerkerfähigkeiten, sie selbst zu bauen. Innovative Indoor-Grower haben sogar schon aus alten Kühl- und Kleiderschränken oder Spinden Anbauschränke gebastelt.

Wenn Sie Ihren Anbauschrank selbst bauen möchten, sollten Sie Folgendes einplanen:

- Höhenverstellbare Hängelampen
- Der Schrank sollte lichtundurchlässig sein, damit kein Licht von drinnen entweichen und auch kein Licht von draußen hereinfallen kann.
- Löcher für die Belüftung und Luftfilterung
- Reflektierende Innenfläche
- Bewässerung
- Stromversorgung

Wenn Sie Ihren Anbauschrank nicht selbst basteln möchten, können Sie sich auch einfach einen im Internet kaufen. Im oberen Preissegment bieten solche (oft auch als „Growboxen" bezeichnete) Schränke verschiedene Funktionen, wie z. B. Zeitschaltuhren für die Bewässerung und Beleuchtung, Hydrokulturequipment und -beleuchtung, Bluetooth-Kompatibilität (sodass Sie Ihre Ernte auf einem Android- oder iOS-Gerät überwachen können) und Stecklingsregale.

SPACE BUCKETS

Space Buckets gehören zu den moderneren Trends im Bereich des Micro Growing (des Anbaus sehr kleiner Pflanzen, die aber trotzdem einen hervorragenden Ertrag liefern). Bei dieser Methode schafft man mit 20-Liter-Eimern einen in sich geschlossenen Anbauraum mit Belüftung, Beleuchtung und genügend Platz für jeweils eine Pflanze. Mit etwas Zeit und Erfahrung können Sie regelmäßig bis zu 30 g hochwertiges Marihuana pro Space Bucket produzieren, obwohl Ihr

Ertrag anfangs wahrscheinlich geringer ausfallen wird. Manche erfahrene Space-Bucket-Grower bringen es sogar auf 60 g pro Bucket! Viele Menschen bauen in Space Buckets auch Kräuter, Obst, Gemüse und andere Pflanzen an, die man so ziehen kann, dass sie nur wenig Platz brauchen.

Auf den ersten Blick erscheinen solche Heimwerkerprojekte vielleicht ziemlich kompliziert, und man braucht tatsächlich eine gewisse Lernkurve, um einen Space Bucket erfolgreich zu entwerfen und zu benutzen. Aber diese Bastelei macht ja auch Spaß! Und keine Sorge: Alles, was Sie darüber wissen müssen, finden Sie in diesem Abschnitt. (Sie können sich einen Teil der Heimwerkerarbeit ersparen, indem Sie unter www.spacebuckets.com nach montagefertigen Lampen und Lüftern suchen. Dann ignorieren Sie einfach die Anweisungen für die Verdrahtung im folgenden Abschnitt.)

Einfache Space Buckets bestehen aus zwei 20-Liter-Eimern, die so umgemodelt werden, dass sie einen Anbauraum mit Entwässerung und Belüftung bieten und bei denen oben entweder Kompaktleuchtstofflampen (CFLs) oder UFO-ähnliche (runde) LED-Leuchten angebracht werden. Space Buckets lassen sich auch für das Micro Growing in Hydrokultur modifizieren; doch bei Ihrem ersten Space Bucket sollten Sie lieber Erde verwenden, damit Sie immer nur eine neue Anbautechnik auf einmal erlernen müssen. Die meisten Space-Bucket-Grower setzen ihre Cannabis-Pflanzen in einen separaten kleineren Behälter innerhalb des Buckets. So kann man sie leichter herausnehmen und die Eimer nach der Ernte auch leichter reinigen.

Im Internet gibt zwar viele hervorragende, leicht verständliche Space-Bucket-Bauanleitungen (nähere Informationen finden Sie unter www.spacebuckets.com), trotzdem habe ich hier eine Liste der wichtigsten Werkzeuge und Utensilien für Sie aufgestellt, die Sie zum Basteln eines einfachen Space Buckets brauchen:

- Zwei 20-Liter-Eimer (mit Deckel). (Wenn Sie mithilfe von Abstandshaltern einen größeren Anbauraum basteln möchten, benötigen Sie vier Eimer pro Space Bucket.)

- Lampen (entweder kleine CFL-Glühbirnen oder eine LED-Lampe im UFO-Stil). (Je nachdem, welche Lampen Sie kaufen, sollte eine 135-Watt- oder 180-Watt-UFO-Lampe ausreichen. Sie können auch LED-Lichtstreifen für eine zusätzliche Seitenbeleuchtung anschaffen, aber das ist nicht unbedingt notwendig. Wenn Sie normale CFL-Glühbirnen verwenden, kaufen Sie eine Leuchte für mindestens vier Glühbirnen und verwenden Sie 35-Watt-Birnen.)
- Zwei 4-Zoll-PC-Lüfter oder 120-mm-Lüfter sowie ein 12-Volt-AC-Netzstecker. (Ein Telefonladegerät eignet sich hervorragend dazu.)
- Reflektierendes Mylar (falls Sie keine weißen Eimer verwenden)
- Schwarzes Klebeband
- Isolierband und Anschlussmuttern (falls Ihre Lüfter oder Leuchten neu verdrahtet werden müssen)
- Steckdosenleiste
- 24-Stunden-Zeitschaltuhr (falls der Beleuchtungszyklus automatisch gesteuert werden soll)
- Kabelbinder oder kleine Schrauben
- Konstruktionskleber
- Filzstiftmarker (zum Umfahren von Schablonen)
- Untersetzer

Sie brauchen auch ein paar Werkzeuge: z. B. einen Bohrer mit 0,5-cm-Bohreinsatz und großen Bohreinsätzen, ein Teppichmesser, ein Rotationswerkzeug oder anderes Werkzeug zum Schneiden der Eimer, ein Maßband und einen Abisolierer. Da Sie bei dieser Arbeit Messer und möglicherweise auch Elektrowerkzeuge verwenden werden, sollten Sie auch eine entsprechende Sicherheitsausrüstung (z. B. dicke Handschuhe und Schutzbrille) parat haben. Je nach Bauplan Ihres Space Buckets benötigen Sie möglicherweise auch Eisenwaren wie beispielsweise kleine Schrauben. Bevor Sie also mit dem Basteln beginnen, überprüfen Sie, ob Sie auch wirklich jeden Schritt genau geplant haben.

**PROFI-TIPP:
LÖCHER LIEBER ETWAS KLEINER SCHNEIDEN!**

Die richtige Beleuchtung ist für einen guten Space Bucket sehr wichtig. Wenn Sie Löcher für Ihre Lüfter und Pflanzenlampen in die Eimer hineinschneiden, sollten diese etwas kleiner sein als die Schablonen. Schließlich sollen Ihre Lampen ja gut in die Plastikeimer hineinpassen. Im Idealfall passen sie so genau, dass sie gar nicht fixiert zu werden brauchen; andernfalls können Sie sie mit Kabelbindern, Konstruktionskleber oder Schrauben befestigen. Und denken Sie daran, zum Schluss alles gründlich mit Klebeband abzudichten, um Ihren Space Bucket lichtundurchlässig zu machen. Sie sollten zumindest alle Ritzen abdichten; viele Space-Bucket-Grower kleben den ganzen Bucket ab.

So bastelt man einen Space Bucket

Sobald Sie alle Materialien und Werkzeuge beisammen haben, können Sie mit dem Bau Ihres Buckets beginnen. Dazu sollten Sie folgende Einzelteile basteln, die für die Endmontage gebraucht werden: eine Anbaukammer (aus einem Eimer) und eine Beleuchtungshaube (aus dem zweiten Eimer). Wenn Sie einen größeren Space Bucket bauen möchten, können Sie aus zwei zusätzlichen Eimern Abstandshalter anfertigen. Bevor Sie mit dem Bau beginnen, sollten Sie möglichst genau recherchieren, sich Expertenrat von einer vertrauenswürdigen Quelle holen und niemals elektrische Arbeiten durchführen, in denen Sie keine Erfahrung haben.

Befolgen Sie beim Bau Ihres Space Buckets folgende einfache Schritte:

1 Stellen Sie den ersten Eimer auf den Kopf und bohren Sie mit einem 0,5-cm-Bohreinsatz mindestens zwölf Wasserabzugslöcher in den Boden.

2 Kleiden Sie die Innenwände des ersten Eimers mit Mylar aus. Es ist einfacher, das Mylar in Streifen zu schneiden und diese einzeln aufzukleben, als den Eimer mit einem einzigen großen Stück auszukleiden. (Diesen Schritt können Sie überspringen, wenn Sie weiße Eimer verwenden, die ohnehin viel Licht reflektieren.)

3 Dichten Sie die Außenseite des ersten Eimers vollständig mit schwarzem Klebeband ab (nicht den Boden, sondern nur die Seiten).

4 Zeichnen Sie einen Umriss für den Lüfter auf die untere Hälfte einer Seite von Eimer Nr. 1, wobei Sie einen der PC-Lüfter als Schablone verwenden. Dann drehen Sie den Eimer auf die entgegengesetzte Seite und umfahren die Lüfter-Schablone erneut, um einen weiteren Umriss auf die obere Hälfte des Eimers zu zeichnen.

5 Schneiden Sie anhand der in Schritt 4 eingezeichneten Umrisse zwei Stücke aus dem Eimer heraus. Das sind Ihre Löcher für die Lüfter.

6 Stecken Sie Ihre Lüfter so in die beiden Löcher, dass sie genau hineinpassen. Der untere Lüfter soll so positioniert werden, dass er Luft in den Space Bucket hineinbläst, der obere so, dass er Luft aus dem Eimer herauszieht. Vorerst sollten Sie die Lüfter aber noch nicht fest installieren, sondern nur sicherstellen, dass sie passen.

7 Fertigen Sie nun die Beleuchtungshaube an, indem Sie zunächst die oberen 12,5 cm von Eimer Nr. 2 wegschneiden. (Denken Sie daran, den Deckel am oberen Teil dranzulassen!)

8 Je nachdem, was für Lampen Sie verwenden möchten, schneiden Sie als Nächstes Löcher in den Deckel oder in die Seitenwände von Eimer Nr. 2 (Ihrer Beleuchtungshaube), um die Fassungen oder Leuchten dort anbringen zu können. Bei einer LED-Leuchte im UFO-Stil mit 180 Watt ist das besonders einfach, weil Sie dann nur ein Loch oben in den Deckel des Eimers hineinzuschneiden brauchen. Wenn Sie CFL-Leuchten verwenden, schneiden Sie Löcher für die einzelnen Gewinde (entweder oben in den Deckel

oder in die Seitenwände der Beleuchtungshaube). Zeichnen Sie zu diesem Zweck ebenso wie bei den Lüftern zunächst die Formen vor und schneiden Sie die Löcher dann etwas kleiner.

9 Schieben Sie die Lampen in die ausgeschnittenen Löcher hinein.

10 Für die Verdrahtung der Lüfter trennen Sie zunächst den Stecker des Telefonladegeräts (das Teil, das Sie an das Telefon anschließen würden) ab.

11 Isolieren Sie die Enden der beiden Drähte an jedem Lüfter sorgfältig und ziehen Sie sie jeweils circa 1 cm von dem Plastik ab, um den Draht freizulegen. Entfernen Sie die gleiche Menge Plastik vom Kabel des Telefonladegeräts, sodass der Draht ebenfalls freiliegt.

12 Dann verdrillen Sie die Litzenenden der Lüfter und des Ladekabels, klemmen diese mit einer Anschlussmutter fest (entsprechend den aufgedruckten Anleitungen) und befestigen die Anschlussmutter mit Isolierband.

13 Verdrahten Sie nun die Beleuchtung. Falls Sie eine Halogenleuchte oder einen Anschlusssockel für CLF-Lampen verwenden, sollten diese bereits mit einem Stecker versehen sein, damit hier keine Verdrahtung notwendig ist. Wenn Sie einzelne Anschlusssockel gekauft haben, befolgen Sie die Herstelleranweisungen für den Zusammenschluss. Auch hier sollten Sie darauf achten, eine steckbare Beleuchtung zu realisieren. (Nähere Einzelheiten zur Verdrahtung von Lüftern und Beleuchtung finden Sie im Internet, oder fragen Sie einen vertrauenswürdigen Fachmann danach.)

14 Setzen Sie die Beleuchtungshaube (Eimer Nr. 2) auf Eimer Nr. 1 (die Anbaukammer). Ihre Lüfter und Lampen sind noch nicht fest installiert; seien Sie beim Aufsetzen der Haube also vorsichtig! Sie sollte genau auf die Wachstumskammer passen.

15 Falls Sie einen größeren Space Bucket basteln möchten, können Sie jetzt die oberen 12,5 cm aus zwei weiteren Eimern (ohne Deckel) herausschneiden, um Abstandshalter anzufertigen. Diese Abstandshalter setzen Sie auf Ihre Wachstumskammer und

befestigen sie mit Klebeband. Auf diese Weise schaffen Sie einen größeren Abstand zwischen Pflanze und Beleuchtungshaube, sodass die Pflanze mehr Platz zum Wachsen hat.

16 Sobald Sie Beleuchtungshaube und Wachstumskammer aufeinandergesetzt haben, stecken Sie die Stecker Ihrer Lüfter und Beleuchtungskörper in die Steckdosenleiste und schalten sie ein, um zu überprüfen, ob alles funktioniert.

17 Nun können Sie die Lüfter und Lampen mit Kabelbindern, kleinen Schrauben oder Klebeband dauerhaft befestigen. Dazu müssen Sie möglicherweise noch zusätzliche Löcher für Kabelbinder oder Schrauben in die Eimerwände bohren.

18 Sobald Lüfter und Lampen fest angebracht sind, dichten Sie alle Ritzen außen herum mit Klebeband ab, damit kein Licht nach außen dringt.

19 Falls Sie eine Zeitschaltuhr zur Beleuchtungssteuerung verwenden möchten, bringen Sie diese zwischen der Steckdosenleiste und dem Beleuchtungsstecker an, um den gewünschten Lichtzyklus einstellen zu können.

Und das war es auch schon! Ihr fertiger Space Bucket besteht also aus mehreren Teilen: einer Anbaukammer mit Beleuchtungshaube (und Abstandshaltern, falls gewünscht) und einem Untersetzer, in den Sie den Bucket stellen. Ihre Konstruktion sollte so stabil sein, dass die Beleuchtungshaube nicht verrutscht. Solange Ihre Pflanze noch klein ist, brauchen Sie normalerweise keine Abstandshalter; und wenn sie größer wird, können Sie nachträglich immer noch welche einsetzen, damit sie nicht mit den Lampen in Berührung kommt.

PROFI-TIPP: VORSICHT VOR BILLIGEN UFO-LEUCHTEN!

LED-Leuchten im UFO-Stil eignen sich sehr gut für Space Buckets, da sie nicht viel Wärme abstrahlen. Manche sind sogar mit Lüftern kombiniert, sodass sie die Belüftung Ihres Buckets verbessern. Aber Vorsicht: Viele UFO-LED-Leuchten auf dem Markt sind Billigprodukte und erzeugen nicht das warme Licht, das Ihre Pflanzen brauchen, um gut zu wachsen. Also halten Sie lieber Ausschau nach einer qualitativ hochwertigen Lampe, am besten für 135- oder 180-Watt-Birnen. Falls Sie mehrere Abstandshalter verwenden, um eine größere Pflanze heranzuziehen, sollte es eine 180-Watt-Lampe sein; für kleinere Pflanzen reichen 135-Watt-Lampen aus. In beiden Fällen können Sie in Ihrem Space Bucket auch noch LED-Lichtstreifen anbringen, um zusätzliches Licht zu erzeugen.

Sobald Ihr Space Bucket fertig ist, können Sie mit dem Marihuana-Anbau beginnen. Aber seien Sie sich darüber im Klaren, dass der Anbau in einem Space Bucket aufgrund der kleineren Wachstumskammer nicht mit anderen Anbaubereichen vergleichbar ist! Obwohl Sie aus Erfahrung am meisten lernen werden, hier ein paar Hinweise, wie man ein erfolgreicher Space-Bucket-Grower wird:

- **Verwenden Sie nur einen Space Bucket pro Pflanze,** damit Ihre Pflanzen genügend Platz haben und möglichst viel Licht bekommen.
- **Wählen Sie kleinwüchsige Sorten** wie beispielsweise *indica.*
- **Verändern Sie die Form Ihrer Pflanzen** durch Beschneiden und Low-Stress-Training-(LST)-Techniken (siehe Kapitel 6).
- **Denken Sie daran, dass eine frühe Blüte besser ist als eine späte.** Sobald Sie auf einen 12:12-Lichtzyklus umschalten, werden Ihre Pflanzen stark zu wachsen beginnen; daher ist es am besten, die Blüte ein bisschen früher einzuleiten, statt zu warten.
- **Unterbrechen Sie die Stromzufuhr während des Gießens.** Sie wissen ja: Wasser und Strom vertragen sich nicht miteinander!

PROFI-TIPP: ACHTEN SIE AUF SICHERHEIT!

Space Buckets sind eine hervorragende Micro-Growing-Methode; aber es ist wichtig, dabei auf die nötige Sicherheit zu achten. Beim Bau Ihres Space Buckets sollten Sie bei Verdrahtungsarbeiten immer Anschlussmuttern verwenden und alle freiliegenden Litzen sorgfältig mit Isolierband isolieren. In vielen Anleitungen wird empfohlen, die Steckdosenleiste mit Klebeband seitlich am Space Bucket zu befestigen; doch wenn Sie genügend Platz haben und Ihre Kabel lang genug sind, ist es sicherer, die Steckdosenleiste ein Stück von dem Bucket entfernt anzubringen.

DIE RICHTIGE BELEUCHTUNG BEIM INDOOR-ANBAU

Wahrscheinlich werden Sie sich schon bald eine wichtige Frage stellen: „Was für Lampen brauche ich für den Indoor-Anbau?" Um die Antwort auf diese Frage richtig verstehen zu können, benötigen Sie zunächst ein paar Grundkenntnisse über Farbtemperatur und Lichtintensität; denn das sind die beiden Hauptelemente, die Ihre Pflanzen mit der nötigen Energie versorgen. Sobald Sie sich ein bisschen über diese beiden Themen informiert haben, können Sie beim Kauf Ihrer Growlampen fundiertere Entscheidungen treffen.

FARBE UND INTENSITÄT VON LICHT

Wie Sie wahrscheinlich wissen, entspricht jede Farbe einer anderen Lichtwellenlänge, und all diese Wellenlängen bilden zusammen das sogenannte sichtbare Lichtspektrum. In diesem Spektrum hat jede Farbe eine Farbtemperatur (Aussehen und „Atmosphäre" des abgestrahlten Lichts), die auf der Kelvin-Skala gemessen wird. Blaue Farbtöne haben höhere Werte, während dem roten und orangefarbenen Ende des Spektrums niedrigere Werte zugeordnet sind. Um Ihnen einen Eindruck davon zu vermitteln, was dies in der Praxis bedeutet, hier ein paar Kelvin-Werte für verschiedene Lichtarten:

- Blauer Himmel (nördliche Breiten): 7000–10.000 K
- Kaltweiße Glühbirne (Glühlampe oder CFL): 6000 K
- Halogen-Metalldampflampe (MH): 4000 K
- Glühbirne: 2600–3100 K
- Hochdruck-Natriumdampflampe (HPS): 2200 K

Die Kelvin-Werte der verschiedenen Lampentypen sind auf der Verpackung als „CCT“ (korrelierte Farbtemperatur) angegeben.

Abhängig von der jeweiligen Lebensphase gedeiht Cannabis bei Lichttemperaturen von 1500 bis 8000 K. Blühende Cannabis-Pflanzen bevorzugen eher orangerotes Licht mit einem niedrigeren Kelvinwert, während Pflanzen in der vegetativen Phase eher blau-weißes Licht mit höherem Kelvinwert mögen. Das bedeutet, dass Ihre Pflanzen bei einer typischen Glühbirnenbeleuchtung nicht gut gedeihen werden. Sie brauchen ein breiteres Lichtspektrum: warmes rotes Licht während der Blütezeit und kühles blaues Licht in der Wachstumsphase.

Außerdem muss das Licht auch intensiv genug sein, damit Ihre Pflanzen richtig wachsen. Die Lichtintensität ist die Geschwindigkeit, mit der Lichtenergie an eine bestimmte Oberfläche abgegeben wird, und wird in Watt und Lumen gemessen. Die Wattzahl ist die Energiemenge, die die Lichtquelle benötigt; Lumen ist die von der Lichtquelle abgegebene Lichtmenge. Die Wattzahl einer Glühbirne kann zwischen 2 und 1500 liegen. Je höher die Wattzahl, eine umso höhere Lumenzahl erzeugt und umso mehr Energie verbraucht die Lichtquelle.

DER KAUF VON PFLANZENLAMPEN

Nun, da Sie wissen, worauf es bei der Beleuchtung von Cannabis-Pflanzen ankommt, können Sie die richtigen Pflanzenlampen für die Wachstums-, Vorblüh- und Blütephase Ihrer Pflanzen anschaffen. Für die meisten Indoor-Anbaumethoden eignen sich am besten HID-Lampen (High Intensity Discharge), die ein breiteres Lichtspektrum erzeugen und eine höhere Wattstärke haben als Standard-LED- oder CFL-Lampen. (Das gilt allerdings nicht für den Anbau in Space

Buckets: Dafür brauchen Sie LED- oder CFL-Lampen, die nicht so viel Hitze abstrahlen.)

Die beiden häufigsten Arten von HID-Lampen sind Halogen-Metalldampflampen und Hochdruck-Natriumdampflampen. Diese eignen sich für Gewächshäuser, Anbauzelte oder -schränke. Welche Lampen Sie wählen, hängt davon ab, wie groß Ihre Anbaufläche ist und wie viele Pflanzen Sie haben. Wenn Sie getrennte Bereiche für die Blüte und das vegetative Wachstum einrichten, können Sie vielleicht sogar beide Lampentypen verwenden, da Hochdruck-Natriumdampflampen sich besser für die Blütezeit und Halogen-Metalldampflampen sich am besten für das vegetative Wachstum eignen. Wenn Sie sich nur auf eine einzige Art von Beleuchtung beschränken möchten, sollten Sie Hochdruck-Natriumdampflampen wählen, weil die Pflanzen dann größere Buds bilden.

HID-Lampen werden oft in Sets verkauft, die folgende Teile enthalten:

- **Glühbirne** (normalerweise eine „nackte" Birne ohne Gehäuse, um die Lichtleistung zu maximieren)
- **Reflektor:** Reflektoren gibt es in verschiedenen Formen und Größen; sie dienen aber alle dazu, Licht zu reflektieren.
- **Fassungen:** Reflektoren werden normalerweise mit Fassung geliefert.
- **Vorschaltgerät:** Das Vorschaltgerät reguliert die Strommenge, die um Leuchtmittel fließt und dieses aktiviert. Vorschaltgeräte können entweder eingebaut sein (im Sockel) oder extern verbaut sein.
- **Zeitschaltuhren** dienen zur Steuerung des Beleuchtungszyklus'. Damit können Sie Ihre Lampen so einstellen, dass sie sich zu bestimmten Tageszeiten automatisch ein- und ausschalten.

PROFI-TIPP: FÜR KLEINERE ANBAUFLÄCHEN GENÜGEN LED-LAMPEN

Bei einer kleineren Anbaufläche (z. B. 1,20 x 1,20 m), für die man höchstens 400 Watt benötigt, brauchen Sie vielleicht gar keine HID-Lampen zu kaufen, sondern sollten stattdessen lieber ein bisschen Geld in ein LED-Lichtfeld investieren. LED-Leuchten sind billiger als HID-Lampen, verbrauchen viel weniger Strom und halten auch viel länger. Die Technologie in diesem Bereich entwickelt sich sehr schnell; also recherchieren Sie ruhig ein bisschen und glauben Sie mir: Für ein normales kleines Anbauzelt oder einen Anbauschrank eignet sich eine hochwertige LED-Leuchte genauso gut wie eine HID-Lampe; und sie erzeugt weniger Hitze und kostet weniger Geld.

Sobald Sie sich für einen bestimmten Lampentyp entschieden haben, müssen Sie sich darüber klar werden, wie stark Ihre Beleuchtung sein soll. HID-Lampen gibt es in verschiedenen Wattstärken (normalerweise von 20 bis 1500 Watt). Wie bereits erwähnt, erzeugen Lampen mit höherer Wattzahl mehr Lumen; sie strahlen allerdings auch mehr Wärme ab, wenn sie brennen, sodass Sie sie weiter von den Pflanzen entfernt halten müssen (und wenn die Lichtquelle weiter entfernt ist, nimmt wiederum die Lichtintensität ab). In der Regel sollte eine einzige 600-Watt-Glühbirne für eine 1,20 × 1,20 m große Anbaufläche ausreichen. Sie können stattdessen auch zwei 400-Watt-Lampen kaufen und an verschiedenen Stellen anbringen, um eine gleichmäßigere Beleuchtung zu schaffen. Wenn Sie eine größere Anbaufläche (mehr als 1,5 × 1,5 m) planen, lohnt sich ein Besuch in einem Growshop oder Online-Forum, um sich darüber zu informieren, welche Lampen für Ihre Zwecke am besten geeignet sind. Grundsätzlich brauchen Cannabis-Pflanzen 3000 bis 4000 Lumen pro 0,09 Quadratmeter Anbaufläche.

SORGEN SIE FÜR DIE NÖTIGE BELÜFTUNG!

Wie alle Pflanzen braucht auch die Cannabis-Pflanze für ein kräftiges Wachstum frische Luft, für die Sie durch eine gute Belüftung sorgen sollten. Außerdem trägt die Belüftung dazu bei, die optimale Lufttemperatur von 24 bis 27 °C aufrechtzuerhalten, verringert die Luftfeuchtigkeit (was das Schimmelrisiko senkt) und hilft gegen den starken Geruch des Marihuanas.

Was für Voraussetzungen muss ein gutes Belüftungssystem erfüllen? Zunächst einmal müssen Sie wissen, dass mit „Belüftung" keine normalen Ventilatoren gemeint sind, die keine frische Luft hereinlassen, sondern die Luft lediglich in Bewegung bringen. Natürlich können Sie ein paar oszillierende Ventilatoren aufstellen, um die Stämme und Zweige Ihrer Pflanzen zu kräftigen; doch für ein in sich geschlossenes Anbausystem, z. B. ein Anbauzelt oder gar einen Space Bucket, brauchen Sie ein System, das frische Luft in Ihren Anbauraum hineinzieht und verbrauchte Luft nach draußen abführt. Zum Glück sind viele Anbauzelte bereits mit Einlass- und Auslassöffnungen für Lüfter versehen. Und wenn Sie eine größere Anbaukammer einrichten möchten, gibt es vielfältige Möglichkeiten für die Be- und Entlüftung des Anbaubereichs, z. B. den Einbau von Lüftungsöffnungen in Wänden oder in der Decke oder von Elektrolüftern mit Kohlefiltern für die Entlüftung der Kammer.

Um die Geruchsbelästigung zu reduzieren, sollten Sie eine Art Kohlefilter in Ihr Be- und Entlüftungssystem einbauen. Es gibt verschiedene Arten von Kohlefiltersystemen auf dem Markt und leicht verständliche Online-Tutorials zur Installation dieser Systeme. Wenn Sie mehr über Lüfter und Kohlefilter erfahren und wissen möchten, wo es so etwas zu kaufen gibt, schauen Sie in den Informationsquellen im Anhang dieses Buches nach.

WAS VERSTEHT MAN UNTER CO_2-ANREICHERUNG?

Pflanzen sind nicht wie Menschen: Im Gegensatz zu uns „atmen“ sie Kohlendioxid (CO_2) ein. Das bedeutet natürlich, dass Pflanzen, denen viel Kohlendioxid zur Verfügung steht, schneller wachsen und größer werden als mit einer schwächeren oder weniger kontinuierlichen Kohlendioxidquelle. Fortgeschrittenere Grower versorgen ihren Anbaubereich daher mit zusätzlichem Kohlendioxid (normalerweise aus Kohlendioxidtanks). Diese Vorgehensweise wird auch als „CO_2-Anreicherung“ bezeichnet und funktioniert gut; aber vielleicht sollten Sie sie doch lieber erst ausprobieren, nachdem Sie ein paar Jahre lang Marihuana angebaut und ein bisschen mehr Erfahrung gesammelt haben.

MIT ODER OHNE ERDE?

Nun, da Sie Ihren Indoor-Anbaubereich vorbereitet haben, sollten Sie sich überlegen, ob Sie Ihre Pflanzen in Erde oder in einem anderen Substrat kultivieren möchten. Doch zunächst einmal möchte ich klarstellen, was Erde überhaupt ist. In diesem Buch verwende ich das Wort „Erde“ für die Beutel mit Blumenerde, die es im Gartenfachhandel zu kaufen gibt. Ein gutes Beispiel dafür ist die „Ocean Forest“-Blumenerde von FoxFarm, die aus Bestandteilen wie kompostiertem Torf oder Torfmull, Algen und Forstwirtschaftsprodukten wie beispielsweise Kiefernrinde hergestellt wird. Das ist nicht die Erde, die man normalerweise in einem Garten im Freien findet; doch in der gärtnerischen Tradition wird abgepackte Blumenerde trotzdem oft einfach als „Erde“ bezeichnet, und das werde ich auch in diesem Buch immer dann so halten, wenn ich den Begriff „Erde“ im Zusammenhang mit dem Anbau in Innenräumen verwende. Im Gegensatz dazu bezieht sich die Bezeichnung „erdfreier Anbau“ normalerweise auf Kultursubstrate, die überhaupt keine Ähnlichkeit mit Erde haben. Zu den am häufigsten verwendeten erdfreien Substraten gehören Blähtonpellets und Steinwolle. Diese werden normalerweise in der Hydrokultur verwendet, bei der die Pflanzen ihre Nährstoffe direkt über das Gießwasser und nicht aus Erde erhalten.

Bei der Entscheidung, welche Methode sich am besten für Ihren Marihuana-Anbau eignet, sollten Sie folgend Faktoren berücksichtigen:

ANBAU IN ERDE	ERDFREIER ANBAU
Erfordert weniger technisches Können	Mehr technisches Können erforderlich
Weniger Pflanzen auf gleichem Raum	Mehr Pflanzen auf gleichem Raum
Nur eine Pflanze pro Topf	Alle Pflanzen werden mit den gleichen Nährlösungen behandelt
Durch Anbaufehler werden normalerweise weniger Pflanzen in Mitleidenschaft gezogen	Fehler können Ihre ganze Ernte vernichten
Preisgünstiger	Teurer
Geringere Erträge pro Fläche	Höhere Erträge pro Fläche
Langsamere Blüte	Schnellere Blüte

Für Anfänger wird normalerweise zunächst der Anbau in Erde empfohlen. Machen Sie sich keine Sorgen um Qualitäts- oder Quantitätseinbußen: Auch in Erde kann man hervorragendes Marihuana anbauen! Für Anfänger ist diese Anbaumethode vor allem deshalb zu empfehlen, weil Sie sich lieber erst einmal auf ein neues Thema (nämlich den Anbau von gutem Marihuana) konzentrieren sollen, statt sich zusätzlich auch noch mit Hydrokultur beschäftigen zu müssen. Doch wenn Sie unbedingt in die Hydrokultur einsteigen möchten, können Sie natürlich auch gleich damit beginnen (nähere Anleitungen dazu finden Sie in Kapitel 4).

Auf den nächsten Seiten möchte ich Ihnen die verschiedenen Anbaumethoden in Erde erläutern. Wie gesagt: Die Entscheidung, ob

Sie diese Methode oder eine erdfreie Methode anwenden möchten, liegt ganz bei Ihnen und hängt davon ab, wie Sie Ihre persönliche Anbausituation einschätzen.

ANBAU IN ERDE

Sobald Sie Ihre Beleuchtung installiert und Ihren Growbereich vorbereitet haben, sind Sie bereit für den Anbau! In diesem Abschnitt erfahren Sie alles Wichtige über den Indoor-Anbau in Erde – von der Auswahl der richtigen Erde bis hin zu Bewässerungszeitpunkt und -methode. Ich gehe einmal davon aus, dass Sie in Ihrem ersten Anbaujahr (oder den ersten Jahren) nicht gleich ein automatisches Bewässerungssystem installieren werden und dass Sie regelmäßig Zugang zu Ihren Pflanzen haben, um sie zu bewässern und zu pflegen.

BEHÄLTER

Sie können Marihuana in allen Behältern anbauen, die einen guten Wasserabzug haben. Die meisten Indoor-Grower verwenden schwarze Plastikbehälter, weil sie billiger und leichter sind als Gefäße aus Materialien wie Keramik oder Ton. Sie können auch Stoffbehälter verwenden, die leicht porös sind und mehr Luft in die Erde hineinlassen, oder sich spezielle Air-Pot-Container anschaffen, die an den Seiten Löcher haben, um den Sauerstoffgehalt der Erde im Wurzelbereich zu erhöhen. Auch wenn es gewisse Vorteile bringen mag, mehr Geld für spezielle Behälter auszugeben, wird allgemein empfohlen, zunächst mit einfachen schwarzen Kunststoffbehältern zu beginnen.

Achten Sie beim Kauf auch darauf, dass Ihre Behälter groß genug sind und den Pflanzen genügend Platz zum Wachsen bieten. Cannabis-Pflanzen haben ein großes, ausladendes Wurzelsystem, sodass eine gesunde Pflanze auch unter der Erde viel Platz braucht. Man kann Marihuana zwar auch in kleineren Behältern (bis zu 3,8 Litern oder noch kleiner, wenn Sie spezielle Schnitttechniken verwenden) anbauen, doch normalerweise sind 11-Liter-Kübel zu empfehlen.

Die Form des Behälters ist für die Pflanze nicht unbedingt wichtig; Sie können also ruhig eine Form wählen, die zu Ihrem Anbauraum passt. Wenn Sie sich zum Beispiel für eine Schnitt- bzw. Trainingsmethode wie Sea of Green (SOG) oder Screen of Green (SCROG) – die ich beide in Kapitel 4 behandeln werde – entscheiden, möchten Sie vielleicht lieber quadratische, höhere Container kaufen, die von ihrer Form her gut nebeneinanderpassen und trotzdem genügend Platz für die Wurzeln bieten. Diese Techniken sind in der Hydrokultur gebräuchlicher, eignen sich aber für alle Anbaumethoden.

Außerdem brauchen Sie Abtropfschalen oder irgendeine andere Methode, um überschüssiges Wasser, das an der Unterseite der Behälter abläuft, zu beseitigen. Sie sollten überschüssiges Wasser niemals in Ihrem Anbaubereich belassen, denn es erhöht beim Verdunsten die Luftfeuchtigkeit und damit das Risiko für Blütenfäule und Schimmel.

ERDE

Die Erde ist der Bereich, in dem Ihr Marihuana tatsächlich wachsen wird; also sollten Sie daran nicht sparen, sondern sich lieber eine hochwertige Erdmischung leisten, die den wachsenden Wurzeln Halt, gute Wasserspeicherung und ausgezeichneten Wasserabzug bietet. Eine Erdmischung von guter Qualität sollte sich vor dem Gießen leicht und locker anfühlen.
Hier ein paar typische Zutaten hochwertiger Erdmischungen:

- Torfmoos
- Kieferrindenstückchen
- Andere Forstprodukte
- Vermiculit und/oder Perlit
- Bodenhilfsstoffe

Wenn Sie sich schon ein bisschen im Container-Gärtnern auskennen, können Sie Ihre eigene Erdmischung leicht mit den oben aufgelisteten Zutaten anreichern; aber das ist nicht notwendig. Im Handel gibt es viele hervorragende abgepackte Blumenerdemischungen. „Ocean Forest“ von FoxFarm ist bei vielen Marihuana-Growern besonders beliebt. Dabei handelt es sich um eine sehr hochwertige Erdmischung aus Forstprodukten, kompostiertem Torf, organischen Nährstoffen wie Wurmhumus und Fledermausguano, Fischemulsion und anderen Zutaten, die eine gute Drainage und Struktur garantieren.

Noch eine wichtige Bemerkung zum Schluss: Verwenden Sie für Ihre Sämlinge nicht die gleiche angereicherte Erde wie für die erwachsenen Pflanzen! Viele dieser Erdmischungen sind für Sämlinge zu „heiß" und verbrennen ihre Wurzeln mit ihrem zu hohen Düngergehalt. In Kapitel 6 und 7 werde ich noch ausführlich auf Düngemittel für den Indoor- und Outdoor-Anbau eingehen; dort erfahren Sie auch mehr über den Nährstoffbedarf der Cannabis-Pflanze in den verschiedenen Phasen ihres Lebenszyklus'. Diese Kapitel sollten Sie unbedingt lesen, bevor Sie mit dem Anbau beginnen.

PROFI-TIPP: BLUMENERDE NICHT RECYCELN UND AUCH KEINE NORMALE ERDE VERWENDEN!

Es kann durchaus verlockend sein, nach Einsparmöglichkeiten zu suchen, statt 20 oder 30 Euro für einen Beutel hochwertiger Blumenerde auszugeben. Vielleicht denken Sie, man könne doch ebenso gut etwas von der guten schwarzen Erde aus dem Gemüsebeet verwenden. Lassen Sie die Finger davon! Es wird nicht funktionieren. Die Erde in Ihrem Garten ist nicht mit den Erdmischungen zu vergleichen, die speziell für den Anbau von Pflanzen in Containern hergestellt werden. Die Erde im Freien ist schwerer, bietet keinen so guten Wasserabzug und kann erhebliche Nährstoffmängel aufweisen. Außerdem enthält sie wahrscheinlich Insekteneier und Schädlinge, die Ihren im Haus gezogenen Cannabis-Pflanzen ernsthaft schaden und sie schlimmstenfalls sogar vernichten können. Genauso wichtig ist es, gebrauchte Blumenerde nach einer erfolgreichen Marihuana-Anbausaison nicht zu recyceln. Kompostieren Sie diese alte Erde einfach oder mischen Sie sie unter Ihre Gartenerde; Ihr Gemüse wird es Ihnen danken, und Ihre Cannabis-Pflanzen auch.

GIESSEN

Gießen Sie Ihre Pflanzen mit zimmerwarmem oder kühlem Wasser (20 bis 24 °C.)

Schlechte Wasserqualität kann sich negativ auf Ihre Pflanzen auswirken, vor allem, wenn Sie Brunnen- oder Leitungswasser verwenden, in dem Salz oder Feststoffe gelöst sind. Wenn Sie es sich leisten können und Platz dafür haben, liefert ein Umkehrosmosefilter die beste Wasserqualität für Ihre Cannabis-Pflanzen, da er alle Chemikalien und Verunreinigungen aus dem Wasser herausfiltert. Wenn Sie kein Geld dafür investieren möchten, können Sie stattdessen auch Leitungswasser verwenden. Aber denken Sie daran, dass Wasser kein Ersatz für Düngemittel ist: Egal was für Wasser Sie verwenden – Ihre Pflanzen brauchen trotzdem immer noch Nährstoffe!

Wie viel Wasser Ihre Pflanzen benötigen, hängt von ihrer Größe und Umgebung ab. Im Allgemeinen mögen Cannabis-Pflanzen eine gleichmäßig feuchte Erde. Die Erde sollte niemals völlig austrocknen, sich aber auch nie schwammig oder durchnässt anfühlen. Solange Ihre Pflanzen noch kleiner sind, brauchen sie weniger Wasser, aber Sie müssen sie vielleicht trotzdem einmal täglich oder jeden zweiten Tag gießen. Wassermangel erkennt man daran, dass die Pflanzen welken. Sobald sie zu wachsen beginnen und allmählich in immer größere Töpfe umgesetzt werden, brauchen sie auch mehr Wasser. Dank der Wasserspeicherungsfähigkeit der Erde können aber vielleicht auch größere Pflanzen zwei bis drei „gießfreie“ Tage vertragen.

Hier ein paar Tipps für das Gießen Ihrer Cannabis-Pflanzen:

- **Sparen Sie nicht mit dem Wasser!** Gießen Sie so lange, bis das Wasser vom Boden des Behälters in die Abtropfschale oder den Untersetzer abläuft.
- **Leeren Sie die Untersetzer nach dem Gießen.** Lassen Sie Ihre Pflanzen nie in Wasser stehen, denn dadurch entsteht leicht Wurzelfäule!

- **Gießen Sie nicht die Pflanzen, sondern die Erde.** Niemals Wasser direkt auf die sich entwickelnden Blüten gießen, da dies die Entstehung von Blütenfäule fördert und die Blüten beschädigt!

WANN SOLL MAN GIESSEN?

Es gibt keine feste Regel dafür, wie oft Sie Ihre Cannabis-Pflanzen gießen sollten. Achten Sie lieber auf Anzeichen dafür, dass die Pflanzen durstig sind:

- Die ersten 1 bis 2 cm der Erde fühlen sich trocken an, wenn Sie den Finger hineinstecken.
- Der Behälter fühlt sich leicht an, wenn Sie ihn hochheben. (Heben Sie zum Vergleich einmal einen Behälter direkt nach dem Gießen an, um den Unterschied festzustellen!)
- Die Blätter fangen an zu welken. Wenn Sie sich große Sorgen wegen des Gießens machen, können Sie ein Gerät zum Messen des Wassergehalts der Erde kaufen. Solche Geräte sind in Gartencentern und im Internet erhältlich.

FÜNF TIPPS, DIE SIE SICH MERKEN SOLLTEN

Nun, da Sie die nötigen Grundkenntnisse zum Thema Erde für den Indoor-Anbau erworben haben, können Sie ein bisschen tiefer in die Materie einsteigen und sich mit Hydrokultur und anderen erdfreien Anbautechniken in Innenräumen befassen. Doch vorher sollten Sie sich die wichtigsten Tipps aus diesem Kapitel noch einmal ins Gedächtnis rufen. Denken Sie an folgende fünf Punkte, wenn Sie mit Ihrem Indoor-Anbau in Erde beginnen:

1 **Sie brauchen genügend Licht (und Lüfter).** Sorgen Sie für eine ausreichende Beleuchtung und Belüftung Ihres Anbaubereichs; halten Sie sich an die Informationen in diesem Kapitel und

recherchieren Sie vor dem Kauf von Equipment lieber erst einmal im Internet. Lassen Sie sich vor der Einrichtung eines Anbausystems von einem vertrauenswürdigen Experten beraten oder suchen Sie sich eine andere seriöse Informationsquelle.

2 **Nur eine Pflanze pro Topf!** Dadurch stellen Sie sicher, dass jede Pflanze genügend Platz zum Wachsen hat, senken das Krankheits- oder Schädlingsrisiko und können von Schädlingen oder Krankheiten befallene Pflanzen auch leichter aus Ihrem Anbaubereich entfernen.

3 **Sparen Sie nicht am falschen Ende.** Kaufen Sie die beste Blumenerde, die Sie sich leisten können; verwenden Sie niemals normale Erde aus dem Garten.

4 **Und seien Sie großzügig mit dem Wasser!** Begießen Sie die Erde regelmäßig und tief, bis das Wasser vom Boden des Pflanzbehälters abläuft.

5 **Entfernen Sie das Wasser sofort aus dem Untersetzer.** Lassen Sie Ihre Pflanzen niemals im Wasser stehen, da dies zu Wurzelfäule führen und die Luftfeuchtigkeit in Ihrem Anbaubereich erhöhen kann.

KAPITEL 4

Hydrokultur

Inzwischen haben Sie in diesem Buch schon ein bisschen über Hydrokultur gelesen – die erdfreie Anbaumethode, bei der man den Pflanzen Nährstoffe über eine Wasserlösung zuführt. Diese Technik mag auf den ersten Blick schwierig erscheinen, ist aber durchaus praktikabel und für viele Marihuana-Anbauer der einzige Weg, um die gewünschten Ergebnisse zu erzielen. Hydrokultur hat viele Vorteile: Z. B. erzielt man damit ein kräftiges Wurzelwachstum, eine schnellere Blüte und größere Buds. Und da es mittlerweile schon fast überall Fertigsets zu kaufen gibt, erübrigt sich ein Großteil des Rätselratens beim Aufbau Ihres ersten Hydrokultursystems. Aber natürlich ist es mit einem solchen Set noch lange nicht getan – und genau deshalb habe ich dieses Kapitel geschrieben!

Auf den folgenden Seiten finden Sie alles, was Sie über den Aufbau und die erfolgreiche Nutzung von Hydrokultursystemen im Marihuana-Anbau wissen müssen. Dieses Kapitel liefert Ihnen einen Crash-Kurs in Sachen Hydrokultur: von den verschiedenen Systemen und Bestandteilen bis hin zu der Frage, was Sie tun müssen, damit Ihr System auch richtig funktioniert. Wenn Sie sich bereits für eine Anbaumethode mit Erde entschieden haben (was für Anfänger empfehlenswert ist), können Sie diese Informationen überspringen. Sobald Sie ein bisschen mehr Erfahrung haben, können Sie später immer noch überlegen, ob Sie es mit Hydrokultur versuchen möchten. Denken Sie auch daran, dass es in diesem Kapitel zwar um Hydrokultur in Innenräumen geht, dass man diese Methode aber auch beim Marihuana-Anbau im Freien anwenden kann, obwohl das weniger üblich ist.

DIE WICHTIGSTEN GRUNDBEGRIFFE ZUM THEMA HYDROKULTUR

Wie bereits erwähnt, ist Hydrokultur eine erdfreie Anbaumethode. Wasser, Nährstoffe und Sauerstoff werden also direkt an die Wurzelsysteme geliefert, statt dass die Wurzeln diese Elemente aus einem Substrat aufnehmen müssen. (Der Anbau von Marihuana in Hydrokultur beginnt, sobald der Sämling zum Umpflanzen für die vegetative Wachstumsphase bereit ist – es sei denn, Sie ziehen Sämlinge in Steinwolle heran oder verwenden Stecklinge.) Hydrokultur bedeutet jedoch nicht, dass es dabei gar kein Substrat gibt (es sei denn, Sie verwenden ein System, bei dem die Wurzeln in der Luft wachsen und mit nährstoffreichem Wasser besprüht werden). Normalerweise verwendet man bei der Hydrokultur ein Substrat, das den Wurzeln Halt bietet und vielleicht auch etwas Wasser speichert, aber keine Nährstoffe liefert. Zu den am häufigsten verwendeten Hydrokultur-Substraten gehören:

- Steinwolle
- Blähtonpellets
- Vermiculit
- Perlit
- Kokosfasern

VERSCHIEDENE ARTEN VON HYDROKULTURSYSTEMEN

Es gibt zwei Hauptkategorien:

1 **Passive Hydrokultur:** Das ist vom Design her das einfachere System, nur leider lässt es sich nicht immer leicht perfektionieren. In einem passiven System werden die Pflanzen über einer Nährlösung aufgehängt. Das Wasser wird der Pflanze entweder direkt durch die Wurzeln zugeführt, die in die Lösung hineinhängen, oder über einen Docht, der Nährlösung in das Substrat hineinzieht, wann immer die Pflanze sie braucht. Häufige Probleme, die

bei diesem Dochtsystem auftreten können, sind Wassermangel (weil die Pflanze das Wasser schneller aufsaugt, als der Docht es transportieren kann) oder zu viel Wasser (weil das Substrat zu viel davon aufsaugt und schwammig wird).

2 **Aktive Hydrokultur:** Bei diesem System wird die Nährlösung in den Wachstumsbereich der Pflanzen hineingepumpt und an die Wurzelzone abgegeben. Die meisten in der Marihuana-Kultur verwendeten Hydrokultursysteme sind aktiv. Zu den gängigen aktiven Systemen gehören Ebbe und Flut, Tropftechnik, Nährfilmtechnik (NFT) und Tiefwasserkultur (DWC). Auf jedes dieser Systeme werde ich später noch genauer eingehen.

BESTANDTEILE EINES HYDROKULTURSYSTEMS

Egal für welche Hydrokultursysteme Sie sich interessieren – die Bestandteile sind meistens die gleichen und werden im Anbauzelt, Anbauschrank oder irgendeinem anderen Anbauraum untergebracht, den Sie sich eingerichtet haben:

- **Container:** Ihre Pflanzen müssen in irgendeinem Gefäß wachsen, das ihnen Halt bietet. Bei der Hydrokultur reicht das Spektrum dieser Container von ganz normalen Kunststoffbehältern über Netztöpfe bis hin zu langen, breiten Rinnen mit Löchern zum Einsetzen von Netztöpfen oder Steinwollblöcken.
- **Substrat:** Bei den meisten Hydrokultursystemen wird irgendein erdfreies Substrat wie beispielsweise Kokosfasern, Steinwolle oder Blähton verwendet.
- **Reservoir:** Dort befindet sich Ihre aus Wasser und Nährstoffen bestehende Lösung. Bei den meisten Hydrokultursystemen ist das Reservoir ein geschlossenes System: Nach der Bewässerung der Pflanzen fließt die überschüssige Lösung wieder dorthin zurück und wird erneut verwendet, damit nichts davon verloren geht.

- **Pumpe:** Bei aktiven Systemen wird eine Pumpe verwendet, um das Wasser aus dem Reservoir in den Pflanzbehälter zu befördern. Bei passiven Systemen sind keine Pumpen erforderlich.
- **Luftsteine:** Je nach System kommen manchmal auch Luftsteine zum Einsatz, um die Lösung im Reservoir zu belüften.
- **Zeitschaltuhren:** Da nur wenig (oder bei Aeroponik gar kein) Substrat verwendet wird, können die Wurzeln in Hydrokultursystemen sehr schnell austrocknen. Zeitschaltuhren sorgen dafür, dass die Pflanzen immer dann mit Nährlösung versorgt werden, wenn sie sie brauchen.
- **Messinstrumente:** Dazu gehören Instrumente zur Messung der EC (elektrischen Leitfähigkeit) und TDS (Gesamtmenge gelöster Feststoffe), des pH-Werts und der Wassertemperatur.

Das genaue Zusammenwirken dieser verschiedenen Komponenten hängt davon ab, was für ein Hydrokultursystem Sie verwenden. Auf den nächsten Seiten finden Sie nähere Erläuterungen zu den gebräuchlichsten Hydrokultursystemen und deren Vor- und Nachteilen. Viele erfahrene Grower modifizieren diese Systeme allerdings und schaffen auf diese Weise ihre eigenen Anbaumethoden.

Bitte denken Sie daran, dass es sich hierbei lediglich um einen Überblick über verschiedene Hydrokultursysteme handelt und nicht um eine vollständige Anleitung zur Fehlerbehebung bei einem bestimmten System. Nähere Informationen und Antworten auf Fragen, die sich vielleicht stellen werden, wenn Sie ein eigenes System etablieren und nutzen, finden Sie im Hydrokultur-Fachhandel. Sie können auch im Internet nach Hydrokultur-Foren suchen. Sobald Sie erst einmal den Dreh heraushaben, werden Sie feststellen, dass die Hydrokultur eine sehr erfolgversprechende Marihuana-Anbaumethode sein kann.

KAUFEN ODER SELBER BASTELN?

Im Internet sind verschiedene Arten von Hydrokultursystemen als Bausätze erhältlich. Diese Bausätze sind sicherlich eine sehr gute Einstiegsmöglichkeit; aber Sie sollten trotzdem gründlich recherchieren und Bewertungen lesen, um sicherzugehen, ob der Bausatz, den Sie kaufen möchten, auch gut konstruiert ist und sich für so große und robuste Pflanzen wie Cannabis eignet. Bei vielen Systemen muss man möglicherweise Elemente wie Pumpen und Luftsteine nachrüsten. Die Kosten sollten ebenfalls berücksichtigt werden; vorkonstruierte Bausätze können teuer sein, und vielleicht können Sie ein sehr ähnliches System für einen Bruchteil des Preises selber bauen.

TIEFWASSERKULTUR

Die Tiefwasserkultur (Deep Water Culture, kurz: DWC) ist eines der gebräuchlichsten Hydrokultursysteme. Es eignet sich für den großflächigen Anbau ebenso gut wie für einige wenige Pflanzen. Dabei handelt es sich um ein passives System, bei dem die Pflanzen in Netztöpfchen über einem Reservoir aufgehängt werden, sodass ihre Wurzeln in die Nährlösung hineinhängen. Der Netztopf wird mit einem Substrat wie beispielsweise Blähtonpellets gefüllt, das der Pflanze Halt gibt, während die Wurzeln lose herunterhängen und ins Wasser hineinwachsen (siehe Abb. 4.1). Das mag auf den ersten Blick kontraproduktiv erscheinen, da Pflanzen normalerweise absterben, wenn ihre Wurzeln in Wasser stehen; bei der Tiefwasserkultur wird dieses Problem jedoch dadurch gelöst, dass man einen Zerstäuber oder Luftstein in den Pflanzbehälter legt, der das Wasser zum Sprudeln bringt.

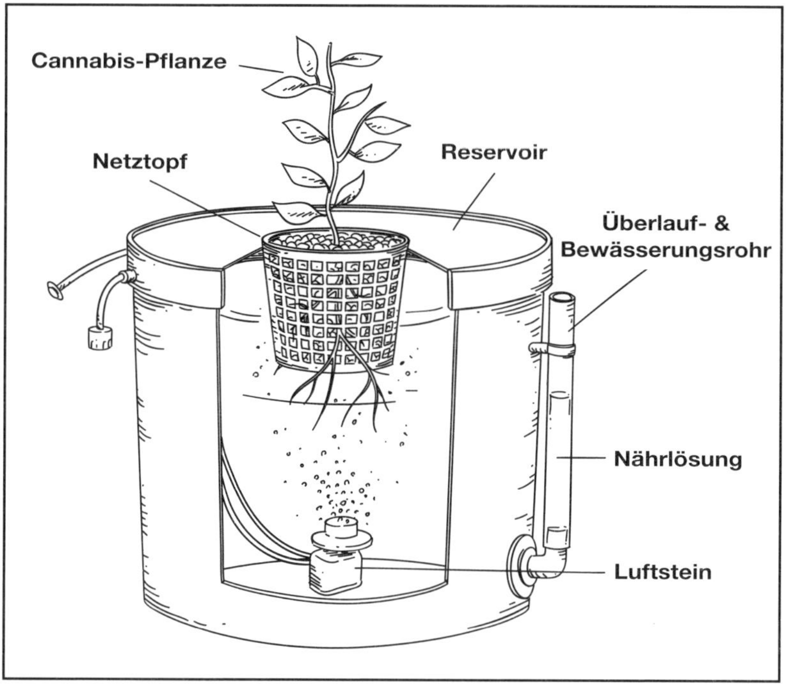

▲ Abbildung 4.1: Tiefwasserkultursystem

Ein DWC-System kann mit nur einer einzigen Pflanze eingerichtet werden; Sie können aber auch ein modulares System verwenden, bei dem mehrere Pflanzen über einem Reservoir schwebend wachsen. Oder Sie können mehrere DWC-Behälter an ein gemeinsames Reservoir anschließen und Wasser hindurchpumpen, obwohl das dann strenggenommen eigentlich ein aktives System wäre, weil es mit Pumpen arbeitet. Bei richtiger Pflege kann man mit einem Tiefwasserkultursystem große Erfolge erzielen, weil die Pflanzen darin große Wurzelmassen und schwere, stark duftende Buds bilden. Dazu muss man allerdings folgende Voraussetzungen erfüllen:

- Auf die richtige Wassertemperatur achten (unter 22, aber über 17 °C)
- Für ausreichende Wasserbelüftung sorgen, weil die Wurzeln Sauerstoff brauchen
- Das Wasser im richtigen pH-Bereich (circa 5,5–6,5) halten
- Für die richtige Nährstoffkonzentration im Reservoir sorgen: Wenn ein DWC-System erst einmal installiert ist, ist es – abgesehen vom regelmäßigen Nachfüllen und Reinigen des Reservoirs – relativ pflegeleicht. Pumpen (falls Sie welche verwenden) und Belüfter laufen 24 Stunden am Tag. Die Tiefwasserkultur eignet sich am besten für Hydrokultur-Anfänger, weil dieses System sich relativ leicht installieren und erweitern lässt.

WIE MISST MAN DEN PH-WERT IN EINEM HYDROKULTUR-RESERVOIR?

Die Aufrechterhaltung des richtigen pH-Werts in Ihrem Reservoir ist für eine erfolgreiche Hydrokultur sehr wichtig. In Hydrokultur gedeihen Cannabis-Pflanzen am besten bei einem pH-Wert von 5,5 bis 6,5. Zum Glück ist die Messung des pH-Werts (der Auskunft darüber gibt, wie sauer oder alkalisch Ihr Wasser ist) in Ihrem Reservoir mit einem pH-Testkit (in Form von Teststreifen oder Testflüssigkeit) ganz einfach. Sie können sich aber auch ein elektronisches pH-Messgerät kaufen. Wenn der pH-Wert außerhalb des gewünschten Bereichs liegt, können Sie ihn mit einem pH-Regulator korrigieren. Solche Korrekturlösungen, die man in das Reservoir hineingibt, sind im Internet oder in Hydrokultur-Fachgeschäften erhältlich. Befolgen Sie einfach die Anleitungen auf dem Etikett.

EBBE UND FLUT

Auch Ebbe-und-Flut-Systeme sind beliebte, pflegeleichte Hydrokulturmethoden. Obwohl es auch dafür Bausätze im Internet gibt, basteln viele Menschen sich diese Systeme selbst, weil das Design sehr einfach ist.

Bei einem einfachen Ebbe-und-Flut-System werden die Pflanzen über einer tiefen Schale aufgehängt, in die ihre Wurzeln hineinhängen. Meist sitzen die Pflanzen in Netztöpfen, die mit einem Substrat ohne Nährstoffe gefüllt sind. Das Reservoir befindet sich unter dieser Schale und ist durch einen Schlauch und eine Pumpe mit ihr verbunden. Nach einem zuvor eingestellten Zeitplan aktiviert sich die Pumpe und flutet die Schale mit Nährlösung aus dem Reservoir, um die Pflanzen mit Wasser und Nährstoffen zu versorgen. An der Schale ist ein Überlaufrohr angebracht, durch das überschüssige Nährlösung ins Reservoir zurückfließt. Zwischen den Flutungsphasen trocknen die Wurzeln aus und kommen mit Sauerstoff in Berührung.

Dieses System ist eine sehr gute Option, wenn Sie viele kleinwüchsigere Pflanzen anbauen, beschneiden und formen möchten. Mit der Sea of Green-Technik (auf die ich später in diesem Kapitel noch ausführlich eingehen werde) kann man in einem Ebbe-und-Flut-System sehr gut ein gleichmäßiges Blätterdach mit schweren Buds erzielen.

PROFI-TIPP: ACHTEN SIE AUF DIE WASSERTEMPERATUR IN IHREM RESERVOIR!

Das Wichtigste, woran Sie bei einem Hydrokultursystem denken müssen, ist die richtige Temperatur des Wassers im Reservoir. Wie bereits erwähnt, sollte es nicht wärmer als 22 und nicht kälter als 17 °C sein. Dieser Temperaturbereich beugt einer Algenbildung vor und erleichtert den Pflanzen die Nährstoffaufnahme. Wenn Sie Ihre Cannabis-Pflanzen in einer wärmeren Umgebung anbauen, können Sie einen handelsüblichen Kühler verwenden, damit das Wasser nicht zu warm wird. Solche Kühler sind im Hydrokultur-Fachhandel und bei Online-Versand-Händlern erhältlich.

TROPFSYSTEM

Dieses auch unter dem Namen „Top-Feed-System" bekannte Hydrokultursystem ist zwar theoretisch einfach, kann aber schon ein bisschen komplizierter sein als andere Methoden. Es hat große Ähnlichkeit mit dem DWC-System; doch hier hängen die Wurzeln nicht in eine Nährlösung hinein, sondern die Lösung wird durch dünne Zufuhrrohre nach oben gepumpt und auf das Substrat (das normalerweise aus Kokosfasern oder Blähton besteht) getropft oder gesprüht. Überschüssige Flüssigkeit wird aufgefangen und ins Reservoir zurückgeführt.

Das ist ein hervorragendes System, das aber auch ziemlich knifflig sein kann. Bei den vielen kleinen Schläuchen und Tröpfchenbewässerungsteilen (Sprühern oder Tropfern) müssen Sie häufig überprüfen, ob nichts verstopft ist und ob auch wirklich alle Pflanzen genügend Wasser und Nährstoffe erhalten. Und ähnlich wie bei anderen aktiven Hydrokultursystemen muss man das Reservoir auch hierbei regelmäßig nachfüllen und reinigen.

Technisch gesehen handelt es sich beim Tropfsystem zwar um eine Hydrokultur; doch wenn Ihre Pflanzen dabei in Kokosfaser-Growbags oder in einer Substratmischung auf Torfbasis wachsen, hat das System große Ähnlichkeit mit einem Anbau in Erde. Tatsächlich sind die Grenzen zwischen Hydrokultur und dem Indoor-Anbau in Erde oft so verwischt, dass sie sich nur schwer voneinander unterscheiden lassen.

WAS BEDEUTEN EC UND TDS?

Wenn Sie ein bisschen tiefer in das Thema Hydrokultur einsteigen, werden Sie auf die Begriffe „EC" und „TDS" stoßen. Die elektrische Leitfähigkeit (EC) und die Total Dissolved Solids (TDS) sind Messwerte für die Menge gelöster Feststoffe in Ihrer Nährlösung. Wenn man davon ausgeht, dass reines Wasser einen EC von 0 hat, ist jeder Messwert über 0 ein Hinweis darauf, wie stark konzentriert Ihre Nährlösung ist. Der TDS-Wert wird aus dem EC-Wert errechnet und in Teilen pro Million (ppm) angegeben. Beides kann man mit einfachen Geräten messen, die in die Nährlösung eingebracht werden. Wenn Sie lernen möchten, wie man Marihuana in Hydrokultur anbaut, sollten Sie sich mit den optimalen EC- und TDS-Messwerten für die verschiedenen Systeme vertraut machen. Zum Glück machen die meisten Hersteller von Hydrokulturnährlösungen es ihren Nutzern einfach und veröffentlichen die optimalen EC- und TDS-Werte für verschiedene Wachstumsstadien im Internet und drucken Sie auf die Verpackungen auf.

NÄHRFILMTECHNIK

Die Nährfilmtechnik (NFT) ist eines der beliebtesten modernen Hydrokultursysteme und gehört bei allen Arten der Hydrokultur-Gärtnerei zum Standard. Ebenso wie beim Ebbe-und-Flut-System wird die Nährlösung auch beim NFT-System mit einer Pumpe um die Wurzeln herum bewegt. Beim NFT-System wachsen die Pflanzen jedoch in Rinnen (oft auch als „Gullys" bezeichnet), und statt die Wurzelzonen zu fluten und dann wieder zu entwässern, wird das Wasser kontinuierlich durch die Gullys gepumpt, sodass die Wurzeln ständig von Nährlösung umgeben sind. Um den Wasserfluss aufrechtzuerhalten, werden die Rinnen leicht schräggeneigt auf einem Tisch oder Gestell angebracht. Das System ist ein in sich geschlossener Kreislauf: Das Wasser wird vom Reservoir zum oberen Ende des Gullys gepumpt und fließt dann durch den Gully zurück in das unter dem Tisch angebrachte Reservoir.

In einem typischen NFT-System wachsen die Pflanzen in Steinwollblöcken, die man in Netztöpfe setzt. Diese Töpfe stecken wiederum in Löchern oberhalb des Gullys, sodass ihre Wurzeln in den Gully hineinhängen und ständig von Nährlösung umflossen werden. In einem ausgewogenen NFT-System fließt die Nährlösung nur als flaches Rinnsal durch den Gully (daher der Name „Nährstofffilm"), und die Wurzeln haben genügend Platz zum Wachsen, ohne dass die Wurzelmasse den Wasserfluss blockiert.

Ein NFT-System eignet sich sehr gut für kleinere Pflanzen und kann entweder mit der Sea of Green- oder der Screen of Green-Technik (auf die ich später in diesem Kapitel noch näher eingehe) kombiniert werden.

INDOOR-ANBAUTECHNIKEN FÜR FORTGESCHRITTENE

Wie bei allen anderen Anbaumethoden werden Sie auch bei der Hydrokultur am meisten aus Erfahrung lernen, und mit ein bisschen Übung werden Sie sie bald perfekt beherrschen.

Wenn Sie Ihre Pflanzen in Hydrokultur anbauen, müssen Sie sie vielleicht ein bisschen anders formen und beschneiden. Bei Systemen wie NFT oder Ebbe und Flut werden Sie statt größerer Cannabis-Pflanzen in separaten Behältern wahrscheinlich viele kleinere Pflanzen auf engem Raum anbauen. Um einen maximalen Ertrag zu erzielen, müssen Sie Ihre Pflanzen in eine Form bringen, in der sie unter den Lampen ein gleichmäßiges Blätterdach bilden, sodass jede Pflanze gleich viel Licht erhält. Außerdem müssen Sie sie so stutzen, dass sie nur ein bis zwei große Colas (Blüten) pro Pflanze bilden, statt buschig zu wachsen. Auf den nächsten Seiten erfahren Sie mehr über die beiden beliebtesten Techniken, mit denen man Pflanzen in diese Form bringen kann. Denken Sie daran, dass diese Methoden sich nicht auf die Hydrokultur beschränken: Sie können sie auch beim Anbau in Erde anwenden, vor allem, wenn Sie nicht viel Platz haben.

SEA OF GREEN

Die Sea of Green-Technik (SOG) hat den Indoor-Marihuana-Anbau revolutioniert, weil man damit viele kleine Pflanzen auf kleiner Fläche anbauen und sehr schnell zur Ernte bringen kann. Dabei bepflanzt man die ganze Anbaufläche möglichst dicht mit Stecklingen (nähere Informationen zu Stecklingen finden Sie in Kapitel 2) und leitet die Blütezeit sehr schnell ein, damit die Pflanzen nicht zu groß werden.

Wenn Sie diese Technik praktizieren möchten, sollten Sie gar nicht erst versuchen, Ihre Pflanzen aus Sämlingen zu ziehen. Erstens dauert die Wachstumsphase bei Sämlingen zu lange, und zweitens werden sie naturgemäß verschieden hoch. Bei der SOG-Technik will man aber ein möglichst gleichmäßiges Blätterdach erzielen. Sie funktioniert am besten mit *indica*- oder *indica*-dominanten Sorten, da diese kleinwüchsiger sind, und eignet sich besonders gut für Hydrokultursysteme wie NFT oder Ebbe und Flut, bei denen man Pflanzen leicht eng nebeneinander anbauen kann und trotzdem Zugang zu ihrem Blätterdach hat. Beliebte Sorten wie Northern Lights und White Widow sind hervorragende Kandidaten für die SOG-Technik.

Auch hier gilt: Aus Erfahrung werden Sie bei dieser Technik am meisten lernen. Also wundern Sie sich nicht, wenn beim ersten Versuch nicht gleich alles so klappt wie geplant oder Ihre Ernte nicht so groß ausfällt, wie Sie gehofft hatten! Das Beste, was Sie tun können, ist, genau über Ihren Cannabis-Anbau Buch zu führen, um Ihre Resultate kontinuierlich zu verbessern. Notieren Sie sich den Namen der Sorte und schreiben Sie dazu, wie lange Sie sie vor der Blüte in der vegetativen Phase gehalten haben, wie stark die Pflanzen nach Einleitung der Blüte wachsen und andere Details, die Ihnen beim nächsten Anbau weiterhelfen könnten.

Um mit der SOG-Technik Erfolg zu haben, brauchen Sie sich nur an folgende einfache Tipps zu halten:

1 Bepflanzen Sie Ihre Anbaufläche so dicht wie möglich mit Stecklingen, und zwar am besten in hohen, quadratischen Behältern. Auf diese Weise können Sie bis zu zehn Pflanzen pro 0,09

Quadratmeter anbauen. Eine Einzelpflanze sollte nicht mehr Platz als 0,09 Quadratmeter einnehmen.

2 Lassen Sie Ihren Stecklingen ungefähr zwei Wochen Zeit, um gesunde Wurzeln zu bilden, und dann zwei Wochen für die vegetative Phase, bevor Sie durch Umschalten auf einen 12:12-Lichtzyklus die Blüte einleiten.

3 Planen Sie Ihr Beleuchtungskonzept so, dass alle Pflanzen gleich viel Licht erhalten. Wenn manche Pflanzen schneller wachsen als andere, liegt das wahrscheinlich daran, dass sie mehr Licht bekommen.

4 Bei der SOG-Technik will man nur eine Cola (Blüte) an der Oberseite der Pflanze erzielen. Oft ist dafür trotzdem kein Beschneiden notwendig, weil die Blüte so schnell eingeleitet wird, dass die Pflanzen keine Zeit haben, sich zu verzweigen. Falls sie sich doch verzweigen sollten und Sie sie stutzen müssen, können Sie die Stecklinge als Klone verwenden.

5 Bei dieser Methode sollte kein (oder zumindest nur minimales) Abstützen notwendig sein. Wenn die Pflanzen nah genug beieinanderstehen, dürften sie sich mit ihrem Blätterdach gegenseitig abstützen. Falls sie trotzdem nicht ohne fremde Hilfe aufrecht stehen können, stützen Sie einzelne Pflanzen mit Bambusstäben ab.

6 Nach Einleitung der Blüte behandeln Sie Ihre Pflanzen wie alle anderen Cannabis-Pflanzen – mit den gleichen Nährstoffen und Erntetechniken, die ich in den folgenden Kapiteln dieses Buches beschreiben werde.

Alles in allem kann man Cannabis-Pflanzen mit der SOG-Methode je nach Sorte innerhalb von zehn bis zwölf Wochen zur Ernte bringen.

SCREEN OF GREEN

Die Screen of Green-Technik (SCROG) hat große Ähnlichkeit mit der SOG-Methode; aber es gibt doch ein paar wichtige Unterschiede. Bei dieser Technik baut man weniger Pflanzen auf gleichem Raum an:

Man plant nicht höchstens, sondern mindestens 0,09 Quadratmeter pro Pflanze ein und lässt seine Pflanzen durch einen Schirm, der über dem Wachstumsbereich angebracht wird, hindurchwachsen. Sie können diesen Schirm aus gewöhnlichem Maschendraht, Betonverstärkungsdraht oder monofiler Angelschnur herstellen. Sobald die Pflanzen auf den Schirm treffen, werden sie umgebogen und wachsen dann waagerecht am Schirm entlang, wobei sie sich in verschiedene Richtungen verzweigen. Wenn es Zeit zum Blühen ist, bilden die Pflanzen mehrere kleinere Colas aus seitlich wachsenden Zweigen.

SCROG ist eine gute Wahl für *indica*-dominante Sorten, die gut in einen kleineren Anbauraum hineinpassen, aber man kann auch *sativa*-dominante Sorten auf diese Weise anbauen. Bei *indica*-Sorten bringen Sie den Schirm etwa 30 cm, bei *sativa*-Sorten etwa 60 cm oberhalb der Anbaufläche an.

Sobald Ihre Cannabis-Pflanzen auf den Schirm treffen, lassen sie sich leicht in die gewünschte Form bringen: Biegen Sie die Zweige vorsichtig um und befestigen Sie sie mit Bindfaden oder irgendeiner anderen Schnur an dem Schirm. Diese Technik fördert eine buschige Wuchsform, sodass Sie die Pflanzen während des Wachstums wahrscheinlich ein bisschen beschneiden und stutzen müssen, um die gewünschte Form zu erhalten. (Das wird in Kapitel 6 noch genauer erklärt.)

Der Hauptvorteil von SCROG gegenüber SOG besteht darin, dass diese Technik mit weniger Pflanzen arbeitet und bei *sativa*-dominanten Sorten leichter anzuwenden ist, weil die Pflanzen bei dieser Technik höher wachsen können. Doch auch bei dieser Technik werden Sie etwas Zeit und Übung brauchen, um sie richtig zu beherrschen. Führen Sie genau Buch, bleiben Sie ein bis zwei Anbauperioden lang bei derselben Sorte und geben Sie nicht auf!

FÜNF TIPPS, DIE SIE SICH MERKEN SOLLTEN

Zwar gibt es bei der Hydrokultur eine Lernkurve; doch jeder kann zum Hydro-Gärtner werden! Und Hydrokultur eignet sich nicht nur für den Marihuana-Anbau: Sie können die Erfahrungen, die Sie dabei gesammelt haben, auch für den Anbau anderer Pflanzen wie beispielsweise Gemüse, nutzen. Hier die wichtigsten Erfolgstipps:

1. **Beginnen Sie mit etwas Einfachem.** Investieren Sie anfangs lieber kein Geld in ein großes, teures System, sondern fangen Sie mit einem einfachen DWC-System (statt mehrerer miteinander verbundener Eimer) oder einem kleinen NFT-Tisch an und entwickeln Sie Ihre Fähigkeiten dann allmählich weiter.
2. **Achten Sie darauf, dass Ihre Pumpe die richtige Größe hat.** Viele Anbauer machen den Fehler, zu viel Wasser durch ihr NFT-System zu pumpen. Aber mehr ist nicht unbedingt besser! Bei zu viel Wasser faulen die Wurzeln leicht. Also lassen Sie lieber nur ein dünnes Rinnsal durch Ihr NFT-System fließen.
3. **Führen Sie genau Buch.** Notieren Sie sich den Namen Ihrer Sorte(n), die Stärke Ihrer Nährlösung, Ihre Dünge-, Blüte- und Beleuchtungsstrategie und machen Sie auch Aufzeichnungen über die Ernte. Vielleicht glauben Sie, sich diese Informationen von Anbauperiode zu Anbauperiode merken zu können; doch Sie werden staunen, wie oft Sie in Ihrem Anbautagebuch nachschlagen müssen, um Antworten auf Fragen zu finden, die Sie bereits gelöst zu haben glauben!
4. **Halten Sie sich an die Anleitungen auf der Verpackung Ihres Düngers.** Führende Unternehmen wie General Hydroponics haben den Nutzern die Hydrokultur mit ihren ausführlichen Informationen inzwischen zum Glück sehr erleichtert.
5. **Achten Sie auf eine optimale Wassertemperatur.** Das Wasser in Ihrem Hydrokultur-Reservoir sollte kühl (zwischen 17 und 22 °C) sein.

KAPITEL 5

Outdoor-Anbau von Marihuana

Nachdem Sie die vielen Vorteile des Indoor-Anbaus von Marihuana kennengelernt und sich mit der großen Auswahl an Anbaumethoden vertraut gemacht haben, fragen Sie sich jetzt vielleicht: „Warum soll ich mich überhaupt noch mit dem Outdoor-Anbau beschäftigen?“ Schieben Sie diesen Gedanken nicht voreilig beiseite! Der Marihuana-Anbau im Freien hat etliche Vorzüge, wobei der Geschmack der wichtigste

Pluspunkt ist. Viele Menschen schwören darauf, dass im Freien angebautes Marihuana ein vielschichtigeres, volleres Aroma hat; und da ist auch tatsächlich etwas dran. Marihuana-Blüten bilden verschiedene chemische Substanzen. Zu den wichtigsten gehören die Terpene oder aromatischen Öle, die der Pflanze ihr charakteristisches Aroma verleihen; und unter natürlichem Sonnenlicht produzieren die Blüten mehr Terpene. Außerdem werden Cannabis-Pflanzen bei Sonneneinstrahlung größer und kräftiger. Eine einzige Freilandpflanze kann mehrere Pfund hochwertiger Buds hervorbringen!

Der Anbau von Marihuana im Freien könnte also genau das Richtige für Sie sein, und mithilfe der Informationen in diesem Kapitel können Sie im Handumdrehen gesunde, kräftige Pflanzen heranziehen. Zunächst einmal werden Sie erfahren, welche Faktoren Sie bei der Planung und Pflege einer erfolgreichen Freilandkultur berücksichtigen müssen. Als Nächstes werden Sie die besten Sorten für den Freilandanbau kennenlernen und sich zuletzt mit den nötigen Detailinformationen zur Pflanzung und zum Anbau der von Ihnen gewählten Sorte beschäftigen. Lesen Sie dieses Kapitel unbedingt ganz durch, bevor Sie mit dem Anbau beginnen!

WELCHE ROLLE SPIELT DAS KLIMA?

Als Outdoor-Grower müssen Sie sich zuerst einmal genau mit dem Umfeld vertraut machen, in dem Sie Ihre Pflanzen anbauen möchten: Sie sollten wissen, wann es draußen warm genug ist, um Ihre Cannabis-Pflanzen ins Freie zu setzen, wann der Lichtzyklus sich verändert, sodass die Pflanzen zur Blüte kommen, wie viel Niederschlag es gibt und wann Sie ernten müssen, um Kälteschäden an den Pflanzen zu vermeiden.

Wenn Sie in den USA leben, ist die Klimazonenkarte des amerikanischen Landwirtschaftsministeriums (USDA) ein guter Ausgangspunkt dafür. Diese Karte zeigt die durchschnittlichen jährlichen Mindestwintertemperaturen in den USA auf einer Skala von 1–13 an. Bundesstaaten mit heißerem Klima und einer niedrigeren durchschnittlichen Wintertemperatur sind höhere, Staaten mit kälteren Wintern niedrigere Werte zugeordnet. Ähnliche Karten gibt es im Internet auch für andere Länder; Sie brauchen nur den Suchbegriff „Klimazonenkarte“ plus das entsprechende Land bzw. die entsprechende Region einzugeben.

Außerdem sollten Sie den ungefähren Zeitpunkt des ersten Frostes in Ihrer Gegend kennen (falls die Temperaturen bei Ihnen so tief absinken) und wissen, wann man Pflanzen nach den Wintermonaten ins Freie setzen kann. Diese Informationen werden Ihnen bei der Planung Ihres Outdoor-Anbaus helfen. In den meisten Regionen der USA kann Cannabis im März oder April ins Freie gepflanzt und im September geerntet werden. Bitte beachten Sie, dass dies zwar die häufigste Anbauphase ist, es aber je nach Sorte und Standort auch Unterschiede geben kann.

BODENART

Boden ist nicht gleich Boden! Die Bodentypen variieren in allen Gegenden ziemlich stark, und die Bodenbeschaffenheit kann großen Einfluss auf Ihre Cannabis-Pflanzen haben. Oft muss man den Boden verbessern, um gesündere Pflanzen zu erhalten. Viele Anbauer, die in Regionen mit schwerem Tonboden leben, graben Löcher für ihre Cannabis-Pflanzen und füllen diese dann mit hochwertigerer Erde. Andere verwenden Techniken des ökologischen Landbaus wie Fruchtfolge und Mischkultur, um die Qualität ihres Bodens Jahr für Jahr und Ernte für Ernte zu verbessern.

Das USDA unterscheidet zwölf verschiedene Bodenarten; doch Sie können sich die Sache einfacher machen und sich an den in der unten stehenden Liste aufgeführten fünf Hauptbodentypen orientieren. Diese Informationen beziehen sich auf Regionen in den USA, in denen die jeweiligen Bodentypen vorkommen; doch sie sind weltweit zu finden. Nähere Informationen zu den Bodenarten in verschiedenen Ländern finden Sie im Internet.

- **Tonboden** ist schwer und dicht, speichert viel Wasser und bietet keine gute Luftzirkulation. Tonboden sollte mit organischen Substanzen wie Kompost oder kompostiertem Mist angereichert werden, um die Drainage zu verbessern und den Boden leichter zu machen. Diesen Bodentyp findet man häufig in der Nähe von Küsten und Feuchtgebieten.
- **Sandiger Boden** hat von allen Bodentypen den höchsten Sandanteil. Er bietet auch eine bessere Drainage als Tonboden und ist nicht so schwer, aber dafür oft nährstoffarm. Sandige Böden zu verbessern, ist nicht immer so einfach, da organische Materialien wie Kompost und Torf leicht herausgespült werden. Wenn Sie Ihre Pflanzen auf Sandboden anbauen, müssen Sie den Boden jedes Jahr verbessern, am besten mit nährstoffreichem Kompost.
- **Schlick** ist eine Kombination aus Sand- und Tonboden. In trockenem Zustand fühlt er sich oft sehr leicht und mehlig an, doch in nassem Zustand ist er schwer und dick. Schlick kann ein sehr

fruchtbarer Boden mit guter Drainage und Feuchtigkeitsspeicherkapazität sein. Ein Problem besteht darin, dass er sehr erosionsgefährdet ist. Sie können Ihren Schlickboden verbessern, indem Sie ihn mit Kompost anreichern. Solche Böden sind in den Regionen weit verbreitet, wo alte Gletscher beim Zurückgleiten Schlick abgelagert haben.

- **Torf:** Torfboden entsteht aus sich zersetzenden Pflanzenmaterialien in feuchter Umgebung. Dabei handelt es sich um einen sehr fruchtbaren, nährstoffreichen Boden, allerdings oft mit schlechter Drainage. Wenn Sie einen Torfboden haben, können Sie ihn mit Materialien anreichern, die ihm eine gewisse Struktur verleihen, wie beispielsweise Mulch oder Rinde. Torfböden findet man in Sumpf- und anderen Feuchtgebieten und deren näherer Umgebung.
- **Lehm** ist ein Kombinationsboden aus Sand, Ton und Schlick, normalerweise mit organischem Waldmaterial vermischt. Aufgrund seiner wasserspeichernden Eigenschaften, seiner guten Drainage und seines hohen Anteils an organischen Substanzen eignet Lehmboden sich hervorragend für den Anbau von Nutzpflanzen. Er fühlt sich krümelig und reichhaltig an.

Der Boden in Ihrer Gegend könnte in eine dieser fünf Kategorien fallen; aber er kann auch andere besondere Eigenschaften aufweisen, die sich auf Ihren Marihuana-Anbau auswirken. Eines der wichtigsten Merkmale eines Bodens ist der pH-Wert. (Vielleicht erinnern Sie sich noch: Der pH-Wert misst, wie sauer oder alkalisch Ihr Boden ist.) Cannabis-Pflanzen gedeihen gut in Böden mit neutralem pH-Wert, der in der Nähe eines Werts von 7 liegt oder leicht sauer ist. (Normalerweise liegt der optimale pH-Bereich für den Marihuana-Anbau im Freien bei 6,0 bis 7,0.) Böden mit hohem Kalkgehalt haben in der Regel einen höheren pH-Wert, während Böden, die intensiv bewirtschaftet wurden oder einen hohen Gehalt an verrottenden organischen Materialien aufweisen, eher sauer sind. Nähere

Informationen zum Umgang mit diesen verschiedenen Bodentypen finden Sie an späterer Stelle in diesem Kapitel.

Alles in allem sollten Sie Ihr Marihuana in nährstoffreichem, lehmigem Boden mit guter Drainage, neutralem pH-Wert und guter Wasserspeicherung anbauen. Falls Ihr Boden diese Eigenschaften nicht von Natur aus mitbringt, machen Sie sich keine Sorgen: Es gibt viele einfache Methoden zur Verbesserung der Bodenqualität.

PROFI-TIPP: SO LERNEN SIE IHREN BODEN BESSER KENNEN

Wenn Sie mehr als nur ein paar Pflanzen im Freien anbauen möchten, sollten Sie vielleicht ein bisschen Geld in eine Bodenanalyse investieren. Testsets finden Sie im Internet; solche Analysen werden aber auch von landwirtschaftlichen Untersuchungs- und Forschungsanstalten angeboten. Sie liefern Ihnen ausgezeichnete Informationen über die Zusammensetzung Ihres Bodens, seinen pH-Wert und etwaige Schädlinge.

REGEN UND LUFTFEUCHTIGKEIT

Ebenso wie es keinen Ersatz für echtes Sonnenlicht gibt, ist auch frisches, sauberes Regenwasser für den Anbau von Pflanzen am besten geeignet. Allerdings muss man darauf achten, dass die Pflanzen zur richtigen Zeit genug (bzw. nicht zu viel) Wasser bekommen.

Wie Generationen von Landwirten aus Erfahrung gelernt haben, kann man nicht immer mit regelmäßigen Regenfällen rechnen. Also werden Sie beim Outdoor-Anbau wahrscheinlich für die Bewässerung Ihrer Cannabis-Pflanzen sorgen müssen – vor allem am Anfang, solange die Pflanzen noch kleiner sind. Wenn Sie Ihre Pflanzen im Garten oder an einer anderen Stelle anbauen, wo sie leicht zugänglich sind, können Sie sie problemlos von Hand gießen. Doch wenn Ihre Pflanzen weiter entfernt oder auf einem Grundstück wachsen, das

Ihnen nicht gehört, wird es schon ein bisschen schwieriger. Obwohl professionelle Anbauer oft Bewässerungssysteme mit Pumpen, Rohren und Reservoiren installieren, ist dies für einen Anfänger nicht unbedingt praktikabel. Wenn möglich, versuchen Sie Ihre Pflanzen einmal pro Woche mit Wasser zu versorgen. In Kombination mit den der Jahreszeit entsprechenden regelmäßigen Regenfällen reicht das vielleicht aus.

Auch die Feuchtigkeit ist ein wichtiger Faktor für das Wachstum von Cannabis, vor allem in den späteren Lebensphasen der Pflanze. Darauf werde ich in Kapitel 7 noch näher eingehen. Doch Cannabis-Blüten sind anfällig für Pilzbefall – vor allem für Schimmel, dessen Wachstum durch hohe Luftfeuchtigkeit begünstigt wird. Wenn Sie Ihre Pflanzen in einer Region anbauen, in der während der Blütezeit hohe Luftfeuchtigkeit herrscht, sollten Sie dies bei der Auswahl der Sorten berücksichtigen: Dann sollten Sie mit einer tropischen *sativa*-dominanten Sorte beginnen, die extra dafür gezüchtet wurde, hohe Hitze und Luftfeuchtigkeit zu vertragen. Zu den besonders schimmelresistenten Sorten gehören Amnesia Haze, Strawberry Sour Diesel und Strawberry Cough. Bei Samenbanken und in Online-Foren finden Sie weitere Informationen über Sorten mit hoher Schimmelresistenz.

PROFI-TIPP: WIE WÄRE ES MIT EINER REGENTONNE?

Eine Regentonne ist ein einfaches Hilfsmittel zum Auffangen und Speichern von Regenwasser für die Bewässerung Ihrer Pflanzen. Regentonnen gibt es in Gartencentern und bei landwirtschaftlichen Genossenschaften zu kaufen. Normalerweise fasst eine Regentonne über 200 Liter, hat einen Deckel mit Sieb, um Verschmutzungen des Wassers zu verhindern, und einen Schlauchhahn, in den ein normaler Gartenschlauch hineinpasst. Diese umweltfreundlichen Regenauffangbehälter sind eine gute Möglichkeit, Ihre Pflanzen regelmäßig mit frischem Wasser zu versorgen. Wenn Sie das Marihuana in Ihrem Garten anbauen, können Sie die Regentonne an ein Fallrohr montieren, um überschüssiges Regenwasser aufzufangen. Bitte informieren Sie sich vor dem Kauf unbedingt über die Vorschriften in Ihrer Region!

JAHRESZEITLICHER LICHTZYKLUS

Inzwischen wissen Sie ja, dass Cannabis-Pflanzen empfindlich auf den Lichtzyklus (d. h. auf das Hell-Dunkel-Verhältnis an einem 24-Stunden-Tag) reagieren. Beim Outdoor-Anbau hat man den Lichtzyklus nicht so genau unter Kontrolle wie beim Anbau in Innenräumen; also hängt die Blütezeit Ihrer Pflanzen von der natürlichen Veränderung der Tageslänge ab.

In den meisten Gegenden der USA gehen die Pflanzen automatisch im Spätsommer in die Blütephase und blühen bis in den Herbst hinein. In Regionen, wo der Kontrast zwischen den Jahreszeiten nicht so groß oder die Anbausaison sehr kurz ist, müssen Sie Ihren Pflanzen möglicherweise helfen, indem Sie sie erst einmal vier bis sechs Wochen drinnen vorziehen und dann erst ins Freie pflanzen oder indem Sie sie in kalten Nächten ins Haus oder in die Wohnung holen und unter Pflanzenlampen stellen, um Kälteschäden vorzubeugen.

DIE AUSWAHL DER RICHTIGEN SORTE

Je nach Ihrer Einschätzung der von Ihnen gewählten Anbaufläche können Sie eine (oder mehrere) Sorten wählen. Vor allem beim Freilandanbau spielt die Auswahl der richtigen Sorte eine wichtige Rolle: Sie kann darüber entscheiden, ob Ihre Pflanzen einen guten Ertrag bringen oder ob die Ernte womöglich sogar völlig ins Wasser fällt. Hier ein paar Tipps dazu:

- Gute genetische Eigenschaften sind der Schlüssel zum erfolgreichen Anbau: Kaufen Sie das beste Saatgut, das Sie sich leisten können!
- Wenn die Anbausaison in Ihrer Region sehr kurz ist, sollten Sie den Kauf einer selbstblühenden Sorte (die mit *C. ruderalis*-Elternpflanzen gekreuzt wurde) erwägen.
- Wenn Sie in einer Gegend mit heißem, feuchtem Klima leben, eignet sich – wie bereits erwähnt – eine tropische *sativa*-Sorte besonders gut für Sie.
- Suchen Sie online nach Anbautagebüchern über Ihre Lieblingssorten: Viele Grower stellen ausführliche Notizen über ihre Erfahrungen mit bestimmten Sorten ins Internet.
- Erkundigen Sie sich bei einer Samenbank, welches Saatgut für Ihre Region am besten geeignet ist.

PROFI-TIPP: STAFFELUNG DER ERNTE

Durch die Auswahl von Sorten mit unterschiedlichen Blütezeiten können Sie Ihre Ernte im Freien zeitlich staffeln. Dadurch lässt sich nicht nur die Erntearbeit auf einen längeren Zeitraum ausdehnen, sondern Sie sind dann auch regelmäßig mit frischen Buds versorgt. Das geht sogar dann, wenn Sie nur zwei Pflanzen kultivieren!

ERFOLGREICHER START IN IHREN FREILANDANBAU

Sie können die Samen einfach direkt in die Erde säen, so wie man es beim Anbau von Mais oder Weizen tut. Das ist jedoch nicht zu empfehlen. Hochwertiges Cannabis-Saatgut kann teuer sein, und die Ausfallrate bei jungen Pflanzen, die auf diese Weise angebaut werden, ist hoch. Also lassen Sie Ihre Pflanzen lieber zuerst in Innenräumen wachsen und pflanzen Sie sie erst dann nach draußen, wenn sie für die vegetative Phase bereit sind (Anleitungen dazu finden Sie in Kapitel 2).

Während Ihre Pflanzen noch drinnen wachsen, sollten Sie bereits ihren Freilandstandort vorbereiten, damit alles bereit ist, wenn der Zeitpunkt zum Auspflanzen Ihrer Sämlinge oder Stecklinge gekommen ist. Falls Sie den Boden nicht bearbeiten können, weil er noch gefroren ist – keine Sorge: Ihre Pflanzen werden noch ungefähr einen Monat lang drinnen bleiben, bevor Sie sie umpflanzen können; Sie haben also noch genügend Zeit und können mit der Bearbeitung und Verbesserung des Bodens ruhig warten, bis er aufgetaut ist.

DIE ANZUCHT DER PFLANZEN

Für den Outdoor-Anbau kann man entweder Sämlinge oder Stecklinge verwenden. Bei Sämlingen müssen Sie ein bis sechs Wochen zum normalen Wachstumszyklus dazurechnen, weil sie länger brauchen, um zu keimen und zu jungen Pflänzchen heranzuwachsen. Stecklinge sind in ihrem Wachstum bereits weiter fortgeschritten und müssen nur zwei Wochen in Innenräumen bleiben, bevor man sie nach draußen verpflanzt. In beiden Fällen können Sie an den Wurzeln Ihrer Pflanze erkennen, wann sie fürs Auspflanzen bereit sind: Die junge Pflanze sollte eine gute Wurzelstruktur mit sichtbaren weißen Wurzeln im Erdballen aufweisen. Um dies zu überprüfen, können Sie die Pflanze vorsichtig aus ihrem Behälter herausnehmen. Sie sollte auch bereits reife Blätter austreiben und kräftig wachsen. Bei beiden Methoden

(Anzucht aus Samen oder Stecklingen) können Ihnen folgende Tipps eine gute Hilfe sein:

- Ziehen Sie die Pflanzen zunächst im Innenbereich (entweder unter Standard-Kompaktleuchtstofflampen oder Standard-LED-Leuchten) heran.
- Belüften Sie Ihre Pflanzen frühzeitig, damit sie kräftige Stämme ausbilden. (Aber stützen Sie sie vorher mit Bambusstäben ab!)
- Beginnen Sie nicht mit einem 24-Stunden-, sondern mit einem 18:6-Beleuchtungszyklus, damit Sie bei den Pflanzen nicht ungewollt die Blüte einleiten, wenn Sie sie nach draußen pflanzen. Das ist vor allem dann wichtig, wenn Sie sie zu einem frühen Zeitpunkt der Anbausaison auspflanzen, an dem die Tage noch nicht sehr lang sind.

Ansonsten verfahren Sie genauso, wie ich es in Kapitel 2 für das Heranziehen von Sämlingen und Stecklingen beschrieben habe.

WOHER KOMMT DER SCHLECHTE RUF DES OUTDOOR-ANBAUS?

Viele Leute gehen davon aus, dass in Innenräumen angebautes Marihuana dem Outdoor-Marihuana von der Qualität her überlegen ist. Dafür gibt es mehrere Gründe – unter anderem die Tatsache, dass die meisten der manikürten, hellgrünen Knospen auf professionellen Fotos von Cannabis-Pflanzen aus dem Indoor-Anbau stammen. Aber wahrscheinlich gibt es auch noch einen anderen Grund: Der Indoor-Anbau von Cannabis-Pflanzen ist eine sehr viel neuere Methode als der Outdoor-Anbau; er ist erst seit Ende der 1990er-Jahre problemlos möglich. Davor wurde Marihuana ausschließlich im Freien angebaut. Und aufgrund der gesetzlichen Bestimmungen, denen Marihuana unterworfen ist, mussten Grower, die in den USA Cannabis-Pflanzen im Freien anbauten, oft suboptimale Standorte wählen, ihr Marihuana zu früh ernten und ihre Buds im Eilverfahren trocknen und aushärten lassen. Doch inzwischen können Outdoor-Grower mehr Zeit und Ressourcen in die Produktion von hochwertigem Outdoor-Marihuana investieren.

VORBEREITUNG DER ANBAUFLÄCHE

Nutzen Sie die Zeit, in der Ihre Pflanzen noch drinnen wachsen, für die Vorbereitung Ihrer Anbaufläche! Am besten pflanzt man sie nach draußen, sobald es nach den Wintermonaten allmählich wärmer wird (in den USA normalerweise im März oder April); doch das hängt natürlich von dem in Ihrer Region herrschenden Klima und von der Frage ab, wann der Boden aufgetaut ist. Marihuana ist eine erstaunlich kälteresistente Pflanze; aber Sie sollten sie trotzdem nicht auspflanzen, solange nachts noch regelmäßig Temperaturen unter 10° C herrschen, weil sich das Wachstum von Cannabis-Pflanzen unterhalb dieser Temperatur stark verlangsamt oder sogar völlig zum Stillstand kommt.

VERBESSERUNG DES BODENS

Wenn Sie nicht das Glück haben, in einer Gegend mit nährstoffreicher dunkler Erde zu leben, werden Sie Ihren Boden verbessern müssen. „Bodenverbesserung" bedeutet, die Erde mit bestimmten Materialien anzureichern, um ihre physikalischen oder chemischen Eigenschaften zu verbessern. Wie man dabei vorgeht, hängt von der Art des Bodens ab; unten habe ich ein paar allgemein übliche Bodenverbesserungsmethoden für Sie zusammengestellt. Um herauszufinden, wie und in welchen Mengen Sie diese Zusatzstoffe in Ihren Boden einbringen müssen, sollten Sie zunächst einmal recherchieren (und dabei vor allem auch Sicherheitsfragen berücksichtigen). Nähere Angaben dazu finden Sie auch auf der Verpackung Ihres Bodenzusatzstoffs.

- **Torfmoos** wird aus Torfmooren geerntet. Dank seiner hervorragenden Wasserspeicherungsfähigkeit und Drainage erfreut es sich als Bodenzusatz schon seit Jahren großer Beliebtheit. Umweltbewusste Anbauer sollten es allerdings nicht verwenden, da Torf keine nachhaltige Ressource ist und die Torfmoore ohnehin schon weltweit bedroht sind. Da Torf sich schnell zersetzt und den pH-

Wert Ihres Bodens senkt, müssen Sie zum Ausgleich normalerweise (basischen) Dolomitkalk hinzufügen. (Es sei denn, Sie haben einen Boden mit hohem Kalkgehalt: Dann trägt Torf dazu bei, den pH-Wert in einen günstigeren Bereich abzusenken.)

- **Kompost** wird wegen seines Werts als Material zur Verbesserung von Gartenerde und seiner Umweltvorteile manchmal auch als „schwarzes Gold" bezeichnet. Dabei handelt es sich um eine Mischung aus organischem (oft verrottendem) Material, das entweder pH-neutral oder leicht alkalisch ist und dem Boden Nährstoffe und nützliche Mikroorganismen zuführt. Kompost kann auch dazu beitragen, den pH-Wert von Böden auszugleichen, die zu alkalisch (z. B. ein Boden mit viel Kalkstein) oder zu sauer sind (beispielsweise ein Boden auf Torfbasis).

PROFI-TIPP: EINE LANZE FÜR DAS SCHWARZE GOLD

Kompost ist einer der besten Bodenverbesserer, die es gibt – und obendrein auch noch kostenlos! Wenn Sie nicht ohnehin bereits kompostieren, sollten Sie es unbedingt ausprobieren. Komposttonnen für den Außenbereich sind überall erhältlich, und es gibt unzählige Möglichkeiten zum Kompostieren. Wenn Sie Platz auf Ihrem Hof haben, können Sie Ihren Komposthaufen draußen anlegen. Dank spezieller Geräte, die den Geruch reduzieren, kann man aber auch in Innenräumen kompostieren und Lebensmittel- und Küchenabfälle auf diese Weise einem sinnvollen Zweck zuführen. Dadurch tun Sie nicht nur etwas für Ihren Boden, sondern verringern gleichzeitig auch die Menge an Abfall, der sonst in der Mülltonne landen würde.

- **Mist** (entweder von eigenen Tieren oder im Gartenfachhandel oder online erhältlich) ist ein ausgezeichneter Bodenverbesserer. Allerdings ist er schwer und dicht und schlecht durchlüftet, sodass Sie Ihren Boden zusätzlich auch noch mit einem anderen Material (beispielsweise Mulch) anreichern müssen, um die Drainage zu verbessern.

- **Perlit und Vermiculit** werden normalerweise nicht zur Bodenverbesserung im Freien verwendet; doch wenn Sie dichten Tonboden haben, in den Sie Pflanzlöcher graben und mit einer Erdmischung auffüllen müssen, sollten Sie Ihrer Erde vielleicht doch eines dieser Materialien beimischen.
- **Kokosfasern** gibt es in Ballen zu kaufen; sie sind eine viel bessere Option als Torfmoos. Als erneuerbare Ressource sind Kokosfasern umweltverträglicher; außerdem haben sie einen leicht sauren pH-Wert, den Cannabis-Pflanzen mögen. Außerdem haben sie ein hervorragendes Wasserspeichervermögen, bieten eine gute Drainage und verdichten sich nicht so leicht wie Torf. Allerdings sollten Sie die Fasern vor dem Pflanzen möglichst gründlich spülen (Sie können sie im Pflanzloch mit reichlich Wasser abspülen, bevor Sie weitere Bodenverbesserer hinzufügen); denn Kokosnüsse werden oft auf Kokosfarmen am Meer geerntet und können daher einen hohen Natriumgehalt aufweisen. Das kann die Aufnahme von Kalzium und Magnesium in die Wurzeln beeinträchtigen, also sollten Sie die Fasern von dem Pflanzen abspülen.

Zusätzlich zu diesen wichtigsten Bodenverbesserungsmaßnahmen sollten Sie Ihren Boden vielleicht auch mit Nährstoffen anreichern. Dafür gibt es Materialien, die die Struktur des Bodens nicht verändern. Dabei sollte man allerdings schon ein bisschen vorausplanen, denn manche dieser Materialien brauchen Zeit, um sich im Boden aufzulösen und ihre Nährstoffe an die Pflanzen abzugeben. Recherchieren Sie erst einmal ein bisschen und halten Sie sich bei der Dosierung und anderen Details (einschließlich der Haustiersicherheit) an die Anleitungen auf der Verpackung. Folgende Materialien werden gerne zur Anreicherung des Bodens mit Nährstoffen verwendet:

- **Knochenmehl** bietet eine gute Möglichkeit, Ihrem Boden Kalzium und Phosphor zuzuführen. Knochenmehl ist ein wichtiger Bodenverbesserer für Bio-Gärten und eignet sich auch für den Anbau von Pflanzen, die zum Verzehr bestimmt sind. (Aber kaufen Sie auf jeden Fall ein gutes Qualitäts-Produkt!) Knochenmehl baut sich im Boden nur langsam ab und garantiert Ihren Pflanzen somit während der ganzen Anbausaison eine konstante Nährstoffversorgung.

- **Blutmehl** hat einen hohen Stickstoffgehalt, und Cannabis-Pflanzen brauchen Stickstoff für das vegetative Wachstum und um reichlich Blätter auszutreiben. Ebenso wie Knochenmehl ist auch dieser Bodenverbesserer bei Bio-Gärtnern sehr beliebt und baut sich schnell ab. (Kaufen Sie unbedingt ein hochwertiges Blutmehl.)
- **Dolomitkalk:** Sauren Boden können Sie mit Dolomitkalk in einen günstigeren pH-Bereich bringen.

HOCHBEETE SELBER BAUEN

Wenn Sie sehr schweren Tonboden oder genügend Platz und die nötigen Zugangsmöglichkeiten haben, ist ein Hochbeet eine wunderbare Methode, um Marihuana im Freien anzubauen. Man kann Hochbeete online oder im Gartenfachhandel kaufen, sie aber auch aus normalem Bauholz, Wellblech oder anderen Baumaterialien selber basteln. Aber verwenden Sie dafür kein druckbehandeltes Holz (wie z. B. Deckholz) oder Eisenbahnschwellen, da diese Materialien mit Chemikalien behandelt wurden, die in den Boden sickern und Ihren Pflanzen schaden können. Verwenden Sie stattdessen lieber ein langlebiges Hartholz wie z. B. Rotzeder. Solche Holzarten sind zwar teurer, besitzen aber dafür eine natürliche Schönheit und halten jahrelang. Sie können auch Zementblöcke verwenden; aber denken Sie daran, dass im Lauf der Zeit Beton aus dem Zement in den Boden hineinsickert und den pH-Wert erhöht (Beton ist alkalisch)! Also müssen Sie Ihren Boden früher oder später mit Substanzen anreichern, die ihn wieder in einen neutralen pH-Bereich bringen.

So baut man ein Hochbeet:

1. Messen Sie den Platz für Ihr Beet aus und schneiden Sie das Holz passend zu. Normalerweise muss ein Hochbeet mindestens 30 cm tief sein, um ein gesundes Wurzelwachstum zu ermöglichen.
2. Wenn Sie ein Hochbeet aus Holz bauen, treiben Sie an jeder der vier Ecken einen 10 × 10 cm-Holzpfahl in den Boden. Der Pfahl sollte über dem Boden genauso hoch sein wie Ihr Beet; die übrigen circa 45 cm werden in der Erde verankert.
3. Befestigen Sie nun Ihre Seitenbretter an den Pfählen. (Sie sollten möglichst genau passen.)
4. Graben Sie – je nach Qualität Ihres Bodens – entweder die vorhandene Erde um oder decken Sie sie mit Landschaftsstoff ab.
5. Füllen Sie das Beet mit Ihrer Erdmischung.

PROFI-TIPP: ANBAU IN FREILAND-CONTAINERN

Wenn Sie keinen Platz für den Marihuana-Anbau im Boden haben oder Ihr Boden von zu schlechter Qualität ist, können Sie Ihre Cannabis-Pflanzen auch in Container (Pflanz-Kübel) setzen. Auf diese Weise haben Sie die Bodenqualität hundertprozentig unter Kontrolle und können Ihren Pflanzen optimale Wachstumsbedingungen bieten. Der Containeranbau im Freien unterscheidet sich nicht wesentlich vom Containeranbau in Innenräumen – abgesehen von ein paar Ausnahmen: Zunächst einmal brauchen Sie einen größeren Container, der bis zu 95 Liter fasst. Außerdem sollten Sie darauf achten, dass Ihr Container schwer genug ist, um den Elementen standzuhalten.

AUSPFLANZEN

Das Umpflanzen ins Freiland ist ein großer Tag für Ihre jungen Pflänzchen: Jetzt ziehen sie aus ihren kleinen Behältern im Innen- oder Außenbereich an ihren endgültigen Standort im Freien um. Wundern Sie sich nicht, wenn sie nach dem Umpflanzen erst einmal ein paar Tage brauchen, um sich zu akklimatisieren! Wie bereits in Kapitel 2 erwähnt, geht das Umpflanzen stets mit einem gewissen Schock einher, auch wenn man dabei noch so behutsam vorgeht. Es kann durchaus sein, dass Ihre Pflanzen danach erst mal eine Wachstumspause von ungefähr einer Woche einlegen; doch sobald sich die Pflänzchen an ihr sonniges Zuhause im Freien gewöhnt haben, werden Sie eine echte Wachstumsexplosion erleben.

In Kapitel 2 bin ich bereits ausführlich auf das Thema Umpflanzen eingegangen; trotzdem fasse ich hier noch einmal die wichtigsten Punkte zusammen, die Sie beim Auspflanzen Ihrer Cannabis-Pflanzen beachten sollten:

- Bereiten Sie Ihre Anbaufläche vor dem Umpflanzen gründlich vor. Dazu gehören eventuell auch das Graben von Pflanzlöchern und Auffüllen mit verbesserter Erde, das Anlegen von Hochbeeten oder Umgraben und die Bodenverbesserung.
- Sorgen Sie dafür, dass Ihre Pflanzen ausreichend abgehärtet sind.
- Gießen Sie die Erde so, dass sie feucht, aber nicht pitschnass ist.
- Setzen Sie Ihre Cannabis-Pflanzen so ein, dass die Oberseite des Wurzelballens mit dem Boden abschließt.
- Nach dem Einpflanzen wird noch einmal gründlich gegossen.
- Falls die Pflanzen starken Winden ausgesetzt sein sollten, stützen Sie sie ab.

- Umgeben Sie Ihre Anbaufläche mit einem gekauften oder selbst gebastelten Sicherheitszaun, um Kaninchen, Rehe und andere Tiere fernzuhalten. Sobald Ihre Pflanzen in der Erde sind, sollten Sie so oft wie möglich nach ihnen schauen, um sie zu gießen, auf Schädlinge zu untersuchen und sicherzugehen, dass sie auch kräftige Stämme entwickeln.

Sobald Ihre Pflanzen in der Erde sind, sollten Sie so oft wie möglich nach ihnen schauen, um sie zu gießen, auf Schädlinge zu untersuchen und sicherzugehen, dass sie auch kräftige Stämme entwickeln.

PROFI-TIPP: MIT FASERTÖPFEN KANN MAN DEN SCHOCK DES UMPFLANZENS ABMILDERN

Wenn Sie Ihr Marihuana im Freien anbauen möchten, empfiehlt sich die Verwendung von Fasertöpfen für Sämlinge oder Stecklinge. Diese Töpfe bestehen aus biologisch abbaubaren Fasern, und Sie können sie direkt mitsamt den Pflanzen in den Boden setzen. Statt sie zum Umpflanzen aus ihren Töpfen zu nehmen, reißen Sie einfach den Boden des Behälters weg (mithilfe der in Kapitel 2 beschriebenen Abschneide-Methode) und setzen ihn in die Erde. Die Wurzeln wachsen unten aus dem Behälter heraus und durchdringen schließlich auch die Seitenwände des Fasertopfs.

MULCHEN

Mulch ist der beste Freund des Gärtners; daher ist es eine gute Idee, ihn vor dem Pflanzen auf Ihre Marihuana-Anbaufläche aufzubringen. Im Wald entsteht Mulch auf natürliche Weise aus verrottenden Pflanzenteilen; aber Sie werden ihn höchstwahrscheinlich eher in Säcken in einer Gärtnerei oder im Internet kaufen. Mulch bringt viele Vorteile für Ihren Marihuana-Anbau:

- Er hält Feuchtigkeit im Boden.

- Er verhindert, dass sich Unkraut auf Ihrer Anbaufläche ausbreitet.
- Er liefert Ihren Pflanzen zusätzliche Nährstoffe, wenn er sich zersetzt.
- Er fördert das Wachstum nützlicher Bakterien und Mikroorganismen.

Mulch sollte in einer 10 cm dicken Schicht auf die Anbaufläche aufgebracht werden. Aber drücken Sie ihn nicht oben um die Basis Ihrer Pflanzen herum! Sobald Sie den Mulch auf dem Boden verteilt haben, begießen Sie ihn leicht, sodass er feucht, aber nicht klitschnass ist. Das trägt dazu bei, ihn an seinem Platz zu halten.

BIO-ANBAU VON MARIHUANA

Im Grunde bedeutet biologischer Gartenbau nichts anderes, als Pflanzen ohne Einsatz von synthetischen Düngemitteln und Pestiziden zu kultivieren. In der Praxis steckt hinter dem Bio-Gartenbau jedoch häufig eine ganzheitliche Anbauphilosophie, bei der man versucht, ein gesundes Gleichgewicht zwischen verschiedenen Lebensformen herzustellen. Bio-Gärtner verbessern ihren Boden auf natürliche Weise, um ein gesundes Ökosystem für ihre Pflanzen zu schaffen. Das ist vor allem beim Marihuana-Anbau sinnvoll, weil Sie diese Pflanzen schließlich konsumieren möchten; und logischerweise will man seine Pflanzen nicht mit etwas düngen oder besprühen, was man nicht auch bedenkenlos essen oder rauchen würde. Daher sollte man Marihuana nach Möglichkeit biologisch anbauen. Das ist nicht nur gut für die Umwelt – viele Leute schwören auch darauf, dass Bio-Marihuana besser schmeckt.
Hier ein paar Grundprinzipien des biologischen Gartenbaus:

1. **Verbessern Sie Ihren Boden auf natürliche Weise.** Der Boden ist die Basis eines jeden Gartenbaus, und gesunder Boden sollte reich an organischem Material und nützlichen Bakterien, Pilzen und anderen Mikroorganismen sein. Bei den auf den vorherigen

Seiten beschriebenen Mitteln zur Bodenverbesserung handelt es sich ausschließlich um natürliche Materialien.

2 **Arbeiten Sie mit der Natur, nicht gegen sie!** Durch intelligente Gartengestaltung kann man vielen Problemen vorbeugen. Ein Bio-Garten ist ein ausgewogenes System und somit weniger anfällig für schädliche Insekten und Unkrautwachstum.

3 **Versuchen Sie es immer zuerst mit einer möglichst ungiftigen Lösung.** Es stimmt nicht, dass Bio-Gärtner überhaupt keine Chemikalien verwenden. Wenn es sein muss, tun sie das schon; allerdings versuchen sie es lieber erst einmal mit der am wenigsten schädlichen Lösung. Falls Sie doch einmal auf chemische Substanzen zurückgreifen müssen, beschränken Sie sich auf solche, die für den biologischen Gartenbau zugelassen sind. Informationen über solche Produkte finden Sie im Internet.

Die in diesem Kapitel beschriebenen Methoden für den Marihuana-Anbau im Freien entsprechen allesamt diesen Prinzipien.

Als organische Dünger für Marihuana empfehlen sich u. a.:

- Komposttee und Kompost (siehe Kapitel 6)
- Wurmhumus (siehe Kapitel 6)
- Fledermaus-Guano (siehe Kapitel 6)
- Fisch- und Algenemulsion (siehe Kapitel 6)

Hier ein paar biologische Schädlingsbekämpfungsmittel:

- Neemöl
- Knoblauch
- Cayennepfeffer
- Gartenbauöl
- Pyrethrum

In Kapitel 9 werde ich noch ausführlicher auf die wichtigsten biologischen Schädlingsbekämpfungsmittel (Neemöl, Knoblauch, Gartenbauöl und Pyrethrum) eingehen. Hier schon einmal ein paar Worte zum Thema Pyrethrum: Dabei handelt es sich um ein häufig verwendetes biologisches Pestizid, das aus dem Blütenextrakt bestimmter Wucherblumenarten gewonnen wird. Es ist ein Breitband-Insektizid, das gegen viele verschiedene Insektenarten (u. a. Blattläuse und andere Schädlinge) wirksam ist. Obwohl Pyrethrum für den Bio-Gartenbau zugelassen ist, sollte es stets Ihr letzter Ausweg sein. Beachten Sie auch, dass Pyrethrum-Produkte etwas anderes sind als Pyrethroide! Bei Pyrethroiden handelt es sich um synthetische Pestizide, die beim Marihuana-Anbau unter gar keinen Umständen verwendet werden sollten.

UMGANG MIT PROBLEMEN

Wenn Sie Marihuana im Freien anbauen, werden Sie zwangsläufig unweigerlich mit ein paar Problemen zu kämpfen haben – vor allem mit dem Klima: Zum Beispiel könnte während der Anbausaison in Ihrer Gegend eine Dürreperiode herrschen, oder sintflutartige Regenfälle im Herbst könnten Ihre in der Entwicklung begriffenen Blüten schädigen. Und natürlich gibt es auch viele Schädlinge, die Marihuana genauso verlockend finden wie Sie selbst.

Das Erste und Beste, was Sie tun können, ist, solche Probleme von vornherein einzuplanen. Das bedeutet, für Ihren Anbau einen guten, geschützten Platz zu finden, der eine gewisse Privatsphäre, aber trotzdem genügend Licht und Sonneneinstrahlung bieten sollte. Manche Grower bauen ihre Pflanzen inmitten von Brombeersträuchern oder anderen dornenbewehrten Pflanzen an, um ungebetene Besucher abzuschrecken. Andere zäunen ihre Kulturen ein, um Tiere, die gern Cannabis-Pflanzen fressen (wie beispielsweise Rehe), fernzuhalten. Auf einige dieser Probleme werde ich in Kapitel 9 noch ausführlicher eingehen, möchte Ihnen hier aber schon einmal einen ersten Überblick über häufige Probleme und geeignete Vorbeugungsmaßnahmen bieten.

KURZE ANBAUSAISON

Das kann in nördlichen Breiten, wo die kalte Jahreszeit sich lange hinzieht (oder auch in alpinen Regionen mit kühleren Temperaturen und trockenerer Luft), zum Problem werden. Wenn Sie in einer Gegend mit kurzer Anbausaison leben, gibt es zwei Lösungen für dieses Problem. Erstens: Wählen Sie eine winterharte Sorte, die schnell blüht. Autoflowering-Sorten eignen sich sehr gut, und zum Glück gibt es inzwischen bereits von vielen beliebten Sorten Autoflowering-Varianten. Zweitens können Sie Ihre Anbausaison verlängern, indem Sie die Pflanzen zunächst in Innenräumen oder (falls Sie über genügend Platz und finanzielle Mittel verfügen) in einem Gewächshaus oder Hoop House im Freien vorziehen.

WAS SIND AUTOFLOWERING-SORTEN?

Selbstblühende oder Autoflowering-Sorten wurden mit *C. ruderalis*-Elternpflanzen gekreuzt. Im Gegensatz zu *C. sativa* richtet sich die Blütezeit bei *C. ruderalis* nicht nach dem Lichtzyklus, sondern nach dem Alter der Pflanze. Durch Einkreuzung von *C. ruderalis*-Genen wurden Cannabis-Pflanzen gezüchtet, die nach einer bestimmten Anzahl von Wochen blühen und dabei nicht von der Veränderung des Lichtzyklus' abhängig sind. Obwohl selbstblühende Sorten einen niedrigeren THC-Gehalt haben sollen, sind sie für den Anfänger eine gute Option, weil sie schnell blühen (manche Sorten können nach der Aussaat innerhalb von acht Wochen zur Ernte gelangen) und weil man die Beleuchtung während der gesamten Anbauphase bei einem 18:6-Zyklus belassen kann.

SUBTROPISCHES KLIMA

In manchen Regionen (z. B. in den Küstengebieten im Südosten der USA) sind die Sommer sehr heiß mit hoher Luftfeuchtigkeit und viel Regen. Für ein solches Klima sind die meisten Cannabis-Pflanzen nicht geeignet; Sie werden rasch feststellen, dass es Blütenfäule begünstigt. Die beste Lösung für dieses Problem besteht darin, eine Sorte zu wählen, die sich in diesem Klima wohlfühlt (am besten eine tropische *sativa*-Sorte). Suchen Sie nach Sorten, die in Regionen wie Hawaii, Jamaika oder Thailand gut gedeihen! Sie können Ihre Pflanzen auch im Herbst oder zeitigen Frühjahr anbauen, um ihnen die heißeren Monate zu ersparen.

TIERE

Viele Vierbeiner fressen Cannabis-Pflanzen für ihr Leben gern. Unten habe ich die schlimmsten Übeltäter aufgelistet, die Marihuana-Anbauern in den USA das Leben schwer machen können. Wenn Sie in einem anderen Land leben oder Näheres über die in Ihrer Region heimischen Tiere erfahren möchten, die eine Gefahr für Ihre Pflanzen darstellen könnten, informieren Sie sich bitte in Online-Foren oder fragen Sie bei einer Samenbank vor Ort nach.

- **Rehe** lieben Cannabis-Pflanzen und können an einem einzigen Tag mit Leichtigkeit eine ganze Anbaufläche kahl fressen. Davor schützen Sie Ihre Pflanzen am besten mit einer physischen Barriere wie beispielsweise einem Zaun. Ein guter rehsicherer Zaun muss mindestens 1,80 m (besser 2,5 m) hoch sein, damit die Rehe nicht darüber springen und in Ihre Marihuana-Pflanzung eindringen können. Falls das bei Ihrer Anbausituation nicht machbar ist, sollten Sie Abschreckungsmaßnahmen ergreifen. Im Handel sind viele natürliche Mittel zur Abwehr von Rehen erhältlich, bei denen die Tiere durch Gerüche verschiedener Raubtiere ferngehalten werden. (Recherchieren Sie gründlich, um die sicherste Methode zu finden.)
- **Kaninchen** machen sich mit Heißhunger über alles her, was grün ist – auch über Cannabis-Pflanzen. Wie bei Rehen ist ein Zaun auch hier die beste Lösung. Ein Kaninchenzaun sollte aus Maschendraht bestehen und mindestens 15 cm tief in den Boden hineinreichen, damit sich die Kaninchen nicht darunter durchgraben können. Außerdem sollte der Zaun mindestens 60 cm hoch sein. Falls Sie keinen Kaninchenzaun anbringen können, verwenden Sie stattdessen ein im Handel erhältliches Mittel zur Abschreckung von Kaninchen.

SCHÄDLINGE

Insektenschädlinge sind beim Freilandanbau ein häufiges Problem; doch im Gegensatz zum Indoor-Anbau, wo die unliebsamen Tierchen sich unkontrolliert vermehren können, haben Ihre Schädlinge im Freien natürliche Fressfeinde wie Wespen und Spinnen, mit deren Hilfe Sie in der Lage sein sollten, sie unter Kontrolle zu halten. Zudem ist Cannabis eine robuste, schnell wachsende Pflanze, die Angriffen vieler Insekten widerstehen kann. Während der Blütezeit sind Ihre Pflanzen besonders schädlingsanfällig, weil die harzigen Blüten Milben und andere Insekten anlocken.

Auf Insektenschädlinge werde ich in Kapitel 9 noch näher eingehen; doch als allgemeine Faustregel gilt, dass Sie Ihre Pflanzen genau beobachten sollten, um Insektenbefall so früh wie möglich zu erkennen und mit einer möglichst ungiftigen Methode zu bekämpfen. Manchmal lassen sich die Insekten schon durch einfaches Besprühen mit Wasser beseitigen. Durch kluges Vorausdenken kann man vielen Problemen vorbeugen.

FÜNF TIPPS, DIE SIE SICH MERKEN SOLLTEN

Der Anbau von Marihuana im Freien kann sehr lohnend sein, weil er riesige Pflanzen hervorbringt, die große Mengen hochwertiger Buds bilden. Um Ihre Erfolgschancen zu verbessern, sollten Sie die fünf wichtigsten Tipps aus diesem Kapitel beherzigen:

1. **Lernen Sie Ihr Anbaugebiet genau kennen.** Das wichtigste Erfolgsrezept besteht in einer genauen Kenntnis der in Ihrer Region herrschenden Wachstumsbedingungen (z. B. Regenfälle, Frostperioden und Bodenbeschaffenheit).
2. **Verbessern Sie Ihren Boden.** Wenn Sie nicht mit nährstoffreichem Boden gesegnet sind, sollten Sie Ihre Erde durch Zusätze wie Kompost und Mulch verbessern, um kräftigere, gesündere Pflanzen zu erhalten.
3. **Wählen Sie die richtige Sorte.** Gerade im Freiland, wo Ihre Pflanzen den Launen der Natur unterworfen sind, ist es wichtig, eine Sorte zu finden, die mit den Wachstumsbedingungen in

Ihrer Region gut zurechtkommt. Wenn Sie beispielsweise in einer Gegend mit kurzer Anbausaison leben, könnte eine selbstblühende Sorte für Sie die richtige Wahl sein. Für subtropische Regionen eignen sich *sativa*-dominante tropische Sorten sehr gut.

4 **Schauen Sie so oft wie möglich nach Ihren Pflanzen.** Gut gepflegte Gärten gedeihen besser! Also statten Sie Ihren Pflanzen öfter einmal einen Besuch ab und achten Sie auf Spuren von Schädlingen, Hinweise auf Wassermangel (z. B. Welken) und andere Probleme.

5 **Erkennen Sie Probleme und beheben Sie sie möglichst rasch.** Wenn Sie in einer Gegend wohnen, wo es Rehe gibt, sollten Sie vor dem Pflanzen einen Zaun errichten. Wenn Sie Spuren von Milben an Ihren Pflanzen entdecken, sollten Sie schnell Gegenmaßnahmen ergreifen.

KAPITEL 6

Lebensphasen der Cannabis-Pflanze:

Vegetatives Wachstum

Während der vegetativen Wachstumsphase wächst Ihre Cannabis-Pflanze vom Sämling zur reifen Pflanze heran, die immer größer wird und sich immer weiter verzweigt. Die Bedingungen für ein erfolgreiches vegetatives Wachstum sind die gleichen, egal ob Sie Ihre Pflanzen drinnen oder draußen, in Erde oder Hydrokultur anbauen: Sie müssen ihnen genau die richtige Menge an Licht, Nährstoffen, Luft und Wasser bieten, damit sie gut gedeihen.

In diesem Kapitel möchte ich näher auf diese Wachstumsbedingungen eingehen und Ihnen einfache Strategien für ein gesundes vegetatives Wachstum und zur Maximierung Ihres Ertrags erläutern. Zunächst einmal wird es um den optimalen Lichtzyklus während des vegetativen Wachstums gehen. Als Nächstes werden Sie ein bisschen tiefer in die Welt der Düngemittel und der wichtigsten Nährstoffe einsteigen, die eine Cannabis-Pflanze braucht. Und schließlich erfahren Sie mehr darüber, wie man die Pflanzen während des Wachstums richtig beschneidet und trainiert. Also fangen wir an!

DER LICHTZYKLUS WÄHREND DES VEGETATIVEN WACHSTUMS

Wie Sie bereits erfahren haben, hängt der Lebenszyklus der Cannabis-Pflanze normalerweise davon ab, wie viel Licht sie pro Tag erhält. Als Ihre Pflanzen noch Sämlinge oder Stecklinge waren, bekamen sie entweder 24 oder 18 Stunden lang Licht. In der vegetativen Phase sollten Sie ihnen weiterhin möglichst viel Licht bieten. (Bei zu wenig Licht verkümmern die Pflanzen.) Das bedeutet, dass Sie sie für die wärmeren Monate, wenn die Tage länger werden, entweder nach draußen verpflanzen oder die Beleuchtung im Innenbereich während des vegetativen Wachstums auf einen Zyklus von 18:6 (18 Stunden Licht, 6 Stunden Dunkelheit pro Tag) oder 24:0 (24 Stunden Licht pro Tag) einstellen müssen. Beim Indoor-Anbau sollten Sie dafür sorgen, dass es während der dunklen Stunden auch wirklich dunkel ist: Der Anbauraum sollte lichtdicht und bei ausgeschalteter Beleuchtung so dunkel wie möglich sein.

18:6 ODER 24:0?

Während des vegetativen Wachstums im Innenbereich können Sie entweder einen Beleuchtungszyklus von 18:6 oder 24:0 einstellen – aber was ist besser? Die meisten Anbauer wählen einen Zyklus von 18:6, obwohl das oft auf die Frage hinausläuft, ob man lieber Strom sparen oder lieber einen höheren Ertrag erzielen möchte. Im Internet finden Sie für beide Beleuchtungszyklen jede Menge Argumente; doch solange Sie Ihren Pflanzen während der vegetativen Phase mindestens 18 Stunden Licht zur Verfügung stellen, brauchen Sie sich keine Sorgen zu machen.

NÄHRSTOFFE UND DÜNGER

Mittlerweile kennt man 18 verschiedene chemische Elemente, die Pflanzen zum Überleben brauchen. Die ersten drei sind Kohlenstoff,

Wasserstoff und Sauerstoff. Diese kommen auf natürliche Weise in der Umwelt vor oder werden den Pflanzen über das Gießwasser geliefert. Die übrigen 15 Elemente muss man ihnen über das Substrat zuführen. Sie lassen sich in drei Hauptkategorien unterteilen:

1 **Primäre Makronährstoffe:** Das sind die Hauptnährstoffe, die eine Pflanze benötigt. Ein Mangel an einem dieser Nährstoffe beeinträchtigt das Wachstum Ihrer Pflanzen, sodass sie schlecht gedeihen oder vielleicht sogar eingehen. Zu den primären Makronährstoffen gehören:

- Stickstoff
- Phosphor
- Kalium

2 **Sekundäre Makronährstoffe:** Diese Nährstoffe werden den Pflanzen ebenfalls in großen Mengen zugeführt, sind für ihr Überleben aber nicht ganz so wichtig. Zu diesen Nährstoffen gehören:

- Kalzium
- Magnesium
- Schwefel

3 **Mikronährstoffe:** Diese wichtigen Elemente werden in viel geringeren Mengen gebraucht als die primären und sekundären Makronährstoffe. Zu den Mikronährstoffen gehören:

- Eisen
- Bor
- Kupfer
- Chlor
- Mangan
- Molybdän
- Zink
- Kobalt
- Nickel

Diese drei Nährstoffkategorien führen Sie Ihren Pflanzen durch Dünger zu. Ein Volldünger enthält eine Kombination aus allen drei Nährstoffkategorien. Auf den folgenden Seiten erhalten Sie nähere Informationen über primäre und sekundäre Makronährstoffe und erfahren, worauf Sie beim Kauf von Dünger für Ihre Cannabis-Pflanzen achten müssen.

MUSS ICH MIR GEDANKEN ÜBER MIKRONÄHRSTOFFE MACHEN?

Erfahrene, professionelle Anbauer haben im Lauf der Zeit die Kunst erlernt, ihren Pflanzen das ideale Umfeld zu schaffen – einschließlich der genauen Mengen an Mikronährstoffen, die sie in jeder Lebensphase benötigen. Doch Sie können Ihre Pflanzen auch auf einfache Weise mit Mikronährstoffen versorgen, indem Sie einen hochwertigen Dünger kaufen, der all diese Nährstoffe enthält, oder einen organischen Dünger verwenden. Schauen Sie beim Kauf von Düngemitteln einfach auf dem Etikett nach, um sicherzugehen, ob sie alle oben genannten Mikronährstoffe enthalten.

PRIMÄRE MAKRONÄHRSTOFFE

Die drei oben aufgeführten primären Makronährstoffe bilden die Basis der meisten Düngemittel. Wenn Sie sich eine Düngerpackung anschauen, sehen Sie, dass sie auf dem Etikett als „NPK-Verhältnis“ aufgedruckt sind. Ein Beispiel für ein ausgewogenes NPK-Verhältnis ist ein 20-20-20-Standarddünger. Dieser enthält:

- 20 Prozent Stickstoff (N)
- 20 Prozent Phosphor (P)
- und 20 Prozent Kalium (K)

Ein höherer Prozentsatz bedeutet, dass das Düngemittel (gemessen an seinem Gewicht) mehr von dem betreffenden Nährstoff enthält. Normalerweise weisen synthetische Düngemittel höhere Konzentrationen der primären Makronährstoffe auf als organische Dünger.

Jeder der primären Makronährstoffe spielt für das Pflanzenwachstum eine wichtige Rolle. In der unten stehenden Liste finden Sie eine genauere Beschreibung dieser drei Makronährstoffe und erfahren, welche Rolle sie für das Gedeihen Ihrer Cannabis-Pflanzen spielen:

- **Stickstoff (N)** ist für ein gesundes Blattwachstum unverzichtbar. Pflanzen, die viel Stickstoff bekommen, bilden üppige, grüne Blätter aus.
- **Phosphor (P)** hilft Ihren Pflanzen, gesunde Wurzeln und Blüten zu entwickeln. Einen Dünger mit höherem Phosphorgehalt bezeichnet man als „Blütenverstärker“, weil er zur Bildung größerer, gesünderer Blüten beiträgt.
- **Kalium (K):** Kalium ist ein Nährstoff, der sich ganz allgemein positiv auf den Gesundheitszustand der Pflanzen auswirkt und ihnen hilft, viel Chlorophyll (den grünen Farbstoff in den Blättern der Pflanze, der für die Fotosynthese benötigt wird) zu produzieren.

In der vegetativen Phase brauchen Pflanzen mehr Stickstoff, während der Blütezeit mehr Phosphor. Sie merken es Ihren Pflanzen aber auch an, wenn es ihnen an einem dieser drei primären Makronährstoffe fehlt. In der unten stehenden Tabelle sind die Anzeichen von Nährstoffmängeln und Methoden zu ihrer Behebung aufgeführt:

PRIMÄRER MAKRONÄHRSTOFF	ANZEICHEN EINES MANGELS	GEGENMASSNAHMEN
Stickstoff	• Langsames Wachstum • Gelbe Blätter • Blätter fallen ab	Dünger mit hohem Stickstoffgehalt verwenden. Wählen Sie einen schnell wirksamen organischen Dünger, z. B. Fledermausguano mit hohem N-Gehalt, um Ihren Pflanzen möglichst schnell den nötigen Stickstoff zu liefern.

Phosphor	• Verkümmertes Wachstum • Kleinere Blätter • Unregelmäßige Verfärbungen an den Blättern • Verzögerte Blüte • Kleinere Buds	Den pH-Wert auf 5,5 bis 6,5 korrigieren, um die Phosphoraufnahme zu verbessern. Verwenden Sie einen Dünger mit hohem P-Gehalt oder einen schnell wirksamen organischen Dünger mit hohem P-Gehalt.
Kalium	• Flecken auf den Blättern • Schwache Stämme	Spülen Sie Ihren Boden gründlich mit klarem Wasser durch, um überschüssige Salze herauszuwaschen, und verwenden Sie dann einen Volldünger.

SEKUNDÄRE MAKRONÄHRSTOFFE

Zwar sollten Sie beim Kauf von Düngemitteln in erster Linie auf das NPK-Verhältnis achten; doch auch die sekundären Makronährstoffe Kalzium, Magnesium und Schwefel spielen für die Gesundheit Ihrer Pflanzen eine wichtige Rolle. In der untenstehenden Liste finden Sie nähere Informationen zu diesen Nährstoffen und ihrer Bedeutung für das Wachstum Ihrer Cannabis-Pflanzen:

- **Kalzium (Ca)** spielt nicht nur für gesunde menschliche Knochen, sondern auch für den Aufbau starker Zellen und Strukturen bei Pflanzen eine wichtige Rolle. Kalziummangel kommt bei Freilandpflanzen selten vor, kann aber beim Hydrokultur-Anbau durchaus auftreten.

- **Magnesium (Mg)** ist am Prozess der Fotosynthese beteiligt.
- **Schwefel (S)** trägt zu gesunden Enzymspiegeln und anderen wichtigen Pflanzenfunktionen bei. Obwohl Schwefel als sekundärer Makronährstoff gilt, brauchen Cannabis-Pflanzen nur sehr wenig Schwefel, und ein Mangel kommt äußerst selten vor. Wenn Sie Ihre Pflanzen mit genügend Kalzium und Magnesium versorgen, müssen Sie sich wahrscheinlich niemals Gedanken über Schwefel machen.

In der untenstehenden Tabelle finden Sie Anzeichen für einen Mangel an sekundären Makronährstoffen und entsprechende Gegenmaßnahmen:

SEKUNDÄRER MAKRONÄHRSTOFF	ANZEICHEN EINES MANGELS	GEGENMASSNAHMEN
Kalzium	• Braune Flecken auf Blättern und an Blatträndern • Sehr langsames Wachstum • Verkümmerte Pflanzen • Weniger Blüten	Verwenden Sie kalkhaltige Zusatzstoffe, um den Kalziumspiegel schnell zu erhöhen. Knochenmehl baut sich langsam ab und sollte daher nur zu Beginn der Wachstumsphase verwendet werden.
Magnesium	• Braune, eingerollte Blattspitzen, die schließlich abfallen	Gießen Sie Ihre Pflanzen mit einer Bittersalz-(Magnesiumsulfat-)Lösung (1 Esslöffel Bittersalz pro 3,8 Liter Wasser).

Schwefel	• Blätter, die sich zuerst hellgrün, dann gelb verfärben und schließlich abfallen	Verwenden Sie einen Flüssigdünger mit ausreichendem Schwefelanteil.

TIPPS ZUM EINSATZ VON DÜNGEMITTELN

Beim Kauf von Dünger sieht es vielleicht auf den ersten Blick so aus, als sei die Auswahl riesengroß. Aber keine Sorge: Solange Sie Ihren Pflanzen zum richtigen Zeitpunkt (vegetatives Wachstum versus Blüte) einen qualitativ hochwertigen, ausgewogenen Dünger verabreichen, werden sie auf jeden Fall gut gedeihen! Natürlich müssen Sie auch über die richtige Dosierung Bescheid wissen. Mit Dünger können Ihre Pflanzen zwar zu ihrem vollen Potenzial heranwachsen; doch zu viel davon kann toxisch sein und den Pflanzen schaden. Hier ein paar einfache Tipps für den richtigen Einsatz von Düngemitteln:

1. Überlegen Sie sich bereits vor dem Auspflanzen, wie Sie Ihre Pflanzen ernähren wollen. Welchen Dünger sie brauchen, hängt von Ihrem Substrat und vom Standort der Pflanzen ab.

2. Befolgen Sie stets die Anleitungen auf dem Etikett Ihres Düngemittels. Recherchieren Sie, ob Vorsichtsmaßnahmen zu Ihrer Sicherheit oder zum Schutz Ihrer Pflanzen notwendig sind.

3. Verwenden Sie nach Möglichkeit organische Dünger (mehr dazu erfahren Sie weiter unten in diesem Kapitel).

4. Obwohl Langzeitdünger ausgezeichnete Produkte sind, eignen sie sich nicht besonders gut für den Marihuana-Anbau. Denn Cannabis-Pflanzen haben eher einen kurzen Lebenszyklus, und Langzeitdünger setzen ihre Nährstoffe zu langsam frei, sodass die Pflanzen sie nicht richtig nutzen können.

5. Es ist besser, Ihren Pflanzen regelmäßig kleinere Mengen eines schwachen Düngers zuzuführen als eine höhere Dosis eines starken Düngers.

6 Nicht alle Cannabis-Sorten haben den gleichen Nährstoffbedarf. Recherchieren Sie im Internet, welcher Dünger in welcher Stärke sich für Ihre Sorte am besten eignet.

7 In der vegetativen Phase brauchen Ihre Pflanzen einen Dünger mit höherem Stickstoffgehalt (N), um ein kräftiges Blattwachstum zu fördern. Doch sobald die Pflanzen in die Blütephase übergehen, sollten Sie auf einen Dünger mit höherem Phosphorgehalt (P) umsteigen, um größere Buds zu erzielen. (Auf die Blüte gehe ich in Kapitel 7 noch näher ein.)

ORGANISCHER DÜNGER

Wann immer möglich, sollten Sie Ihre Pflanzen biologisch anbauen. Schließlich wird Marihuana konsumiert; daher sollte man während des Anbaus möglichst wenige Chemikalien einsetzen. Zu diesem Zweck sollten Sie wissen, wie organischer und nicht-organischer Dünger sich voneinander unterscheiden.

Einfach ausgedrückt: Organischer Dünger wird aus natürlichen Quellen gewonnen und nicht aus künstlichen Substanzen synthetisiert. Außerdem sind organische Dünger weniger stark als synthetische Düngemittel und bauen sich langsamer ab. Und organische Dünger enthalten oft auch noch andere wertvolle Inhaltsstoffe, z. B. Mikronährstoffe und bodenverbessernde Organismen, die sich positiv auf die Gesundheit Ihrer Pflanzen auswirken.

INDOOR- UND OUTDOOR-BIO-ANBAU IM VERGLEICH

Beim Bio-Anbau bietet die Natur den Outdoor-Anbauern gewisse Vorteile: Draußen kann man seinen Boden langsam verbessern und in harmonischem Einklang mit dem vorhandenen Ökosystem sehr gute natürliche Wachstumsbedingungen schaffen. Und im Freien ist es auch einfacher, mit stark riechenden Bodenverbesserern wie beispielsweise Mist oder bestimmten Kompostarten zu arbeiten. Indoor-Grower dagegen verwenden normalerweise Erde in Säcken, die jeweils nur für eine einzige Anbausaison ausreicht, und müssen ihren Pflanzen alle wichtigen Nährstoffe über Dünger zuführen. Doch zum Glück gibt es viele hochwertige organische Dünger, auch für die Hydrokultur.

Häufig verwendete organische Dünger

Wenn Sie sich für den biologischen Anbau interessieren, werden Sie schnell feststellen, dass es eine große Auswahl an ausgezeichneten organischen Düngemitteln gibt. Wenn Sie einen organischen Dünger einer angesehenen Marke kaufen, erhalten Sie normalerweise ein solides Produkt, auf das Sie sich verlassen können. FoxFarm hat z. B. schon seit Jahren eine beliebte Produktlinie organischer Dünger im Sortiment, die eigens dazu entwickelt wurden, Ihre Pflanzen in verschiedenen Lebensphasen genau mit den richtigen Nährstoffen zu versorgen. Falls Sie mit verschiedenen organischen Düngern experimentieren möchten, hier ein paar der beliebtesten Arten:

- **Fledermausguano** wird in Höhlen gewonnen, in denen Fledermäuse leben. Er ist eine hervorragende Stickstoffquelle für ein gesundes vegetatives Wachstum; es gibt aber auch Guano-Arten, die sich gut für die Blütezeit eignen. Sie können das Guanopulver direkt unter die Erde mischen oder einen schwachen Komposttee daraus machen (halten Sie sich dabei genau an die Anleitungen). Bei der Arbeit mit Fledermausguano sollten Sie Handschuhe und einen Gesichtsschutz tragen und ein Einatmen des Düngers vermeiden.
- **Blutmehl:** Auf Blutmehl als stickstoffreichen Bodenverbesserer bin ich bereits in Kapitel 5 über den Freilandanbau eingegangen; Sie können es aber auch als Dünger für alle in Erde angebauten Cannabis-Pflanzen verwenden – drinnen ebenso wie draußen. Mischen Sie es direkt unter die Erde. Kaufen Sie unbedingt ein qualitativ gutes Produkt und halten Sie Haustiere von Ihren Pflanzen fern, da Blutmehl für Tiere giftig sein kann!
- **Knochenmehl** ist ein kalziumreicher Dünger, der Ihren Pflanzen gleichzeitig auch Phosphor und Stickstoff liefert. Knochenmehl baut sich langsamer ab als Blutmehl; daher sollten Sie Ihren Boden am besten gleich zu Beginn der Anbauphase damit behandeln. Unabhängig vom Standort Ihrer Anbauregion sollten Sie unbedingt ein qualitativ gutes Knochenmehl kaufen und darauf achten,

dass Haustiere keinen Zugang zu Ihren Pflanzen haben, da Knochenmehl für Tiere giftig sein kann.

- **Dolomitkalk** ist eine sehr gute Kalzium- und Magnesiumquelle. Außerdem ist er alkalisch, kann also Böden mit säurehaltigen Bestandteilen wie z. B. Torfmoos entsäuern. Manche erfahrene Grower geben beim Umpflanzen stets ein bis zwei Esslöffel davon in ihre Pflanzbehälter. Achten Sie beim Kauf darauf, dass Sie auch wirklich Dolomitkalk und kein anderes landwirtschaftliches Kalkprodukt erhalten, das für Ihre Pflanzen zu stark sein könnte.
- **Fischemulsion** wird aus Überresten von Fischen hergestellt. Dabei handelt es sich um ein hervorragendes, sehr gut pflanzenverfügbares und ausgewogenes organisches Düngemittel, das sich sogar für junge Sämlinge eignet, da es sehr mild ist. Sie können ein flüssiges Emulsionskonzentrat kaufen und sich Ihren Dünger selbst daraus mischen oder eine vorgemischte Emulsion kaufen. Denken Sie jedoch daran, dass diese Emulsion einen sehr starken Fischgeruch verströmt! Wenn Sie Haustiere haben, halten Sie diese nach dem Düngen von Ihren Pflanzen fern; Fischmehl und Emulsionsprodukte können für Tiere giftig sein.
- **Fischmehl** wird aus getrockneten und gemahlenen Fischen hergestellt und ist eine ausgezeichnete Stickstoff- und Mikronährstoffquelle. Es baut sich langsamer ab als andere organische Stickstoffquellen und versorgt Ihre Pflanzen auf diese Weise gleichmäßig und konstant mit Stickstoff. Aber denken Sie beim Indoor-Anbau daran, dass dieses Düngemittel sehr stark nach Fisch riecht!
- **Mist (von Hühnern oder Kaninchen):** Wenn Sie Zugang zu einem Hühner- oder Kaninchenstall haben, können Sie sich freuen: Die Exkremente dieser Tiere sind ein hervorragender organischer Dünger mit hohem Gehalt an Makro- und Mikronährstoffen. Da frischer Mist (vor allem Kaninchenmist) in größeren Mengen nur schwer zu finden ist, können Sie auch getrockneten und kompostierten Hühnermist kaufen und direkt unter Ihre Erde mischen.

- **Algenmehl oder -emulsionen:** Meeresalgen haben einen hohen Gehalt an Stickstoff und Spurenelementen, ja sogar Vitaminen und Hormonen. Sie können einen schnell wirksamen flüssigen Algendünger oder ein Algenmehl kaufen. Aber informieren Sie sich vorher erst einmal genau darüber und schauen Sie sich vor dem Kauf verschiedene Marken an: Manche Algenmehl- oder Algenemulsionsdünger haben einen hohen Salzgehalt, der für Ihre Pflanzen giftig sein kann.
- **Wurmhumus** (von Regenwürmern ausgeschiedene Erde) ist eine gute Quelle für Stickstoff und andere Spurenelemente. Sie können ihn vor dem Umpflanzen direkt unter Ihre Erde mischen. Bei diesem Dünger besteht keine Gefahr, Ihre Pflanzen zu verbrennen; allerdings kann er ziemlich schwer sein und die Drainage verschlechtern. Achten Sie also darauf, Ihrem Boden reichlich entwässerungsfördernde Zusatzstoffe wie beispielsweise Perlit hinzuzufügen, wenn Sie Wurmhumus verwenden.

PROFI-TIPP: MACHEN SIE IHREN PFLANZEN DOCH MAL EINEN TEE!

Sobald Sie sich ein bisschen besser mit organischen Düngemitteln auskennen, können Sie versuchen, Kompost- oder Düngertee für Ihre Pflanzen zuzubereiten. Genau wie bei dem Tee, den wir trinken, wird ein Kompost- oder Düngertee ebenfalls hergestellt, indem man die Zutaten in Wasser ziehen lässt und seine Pflanzen dann mit diesem Wasser düngt. Es gibt viele Möglichkeiten, organischen Komposttee zuzubereiten; es lohnt sich also, vorher ein bisschen zu recherchieren, wenn Sie das gerne einmal ausprobieren möchten. Tees sind eine leicht verfügbare Nährstoffquelle, da die darin enthaltenen Nährstoffe bereits in Wasser gelöst sind. Und sie sind auch ein sehr mildes Düngemittel – es ist praktisch unmöglich, Ihre Pflanzen mit einem Kompost- oder Nährstofftee zu verbrennen.

CANNABIS-PFLANZEN RICHTIG BESCHNEIDEN

Nun, da Sie wissen, wie man Cannabis-Pflanzen während des vegetativen Wachstums richtig düngt, ist es an der Zeit, sich mit dem Thema Beschneiden zu beschäftigen. Wenn Sie Ihre Pflanzen einfach wachsen lassen, ohne Zweige zu beschneiden oder zu trainieren, entwickeln sie sich zu weihnachtsbaumähnlichen Gewächsen, die unten große Fächerblätter haben, Seitenzweige austreiben und am oberen Ende einen Hauptwachstumspunkt aufweisen. Cannabis-Pflanzen blühen normalerweise von oben nach unten; die Blüte, die sich ganz oben um den Hauptstamm herum bildet (die sogenannte Cola), ist also am schwersten.

Je nach Anbauort können Sie Ihre Pflanzen vielleicht tatsächlich während ihrer ganzen Lebensdauer unberührt wachsen lassen, sodass sie ihre natürliche Form und Größe erreichen. Das gilt vor allem für den Freilandanbau: Dort können unbeschnittene Cannabis-Pflanzen riesengroß werden und ein Pfund oder noch mehr Buds pro Pflanze liefern, wobei mehrere Colas an großen Zweigen wachsen. Viele Grower kommen jedoch um ein gewisses Maß an Beschneidung und Formgebung nicht herum. Zum Beispiel beschneiden und trainieren Indoor-Anbauer ihre Pflanzen oft, damit sie nicht zu stark um das vorhandene Licht konkurrieren müssen und damit sie auf eine bestimmte Art und Weise blühen, die einen maximalen Ertrag garantiert.

Bevor Sie sich in die verschiedenen Schnitttechniken vertiefen, sollten Sie sich erst einmal darüber informieren, wie eine Cannabis-Pflanze wächst und blüht. Sobald Ihre Pflanze in die vegetative Wachstumsphase eintritt, treibt sie Zweige aus, die senkrecht zum Hauptstamm wachsen. An jedem Punkt, an dem ein Blattpaar aus einem Zweig oder aus dem Stamm austritt, befindet sich ein Knoten. Diese Knoten spielen eine sehr wichtige biologische Rolle: Hier entstehen die Blüten. Je mehr Knoten Ihre Pflanze hat, umso mehr Blüten wird sie bilden, und somit können Sie auch mehr Buds ernten.

Beim Beschneiden besteht Ihr Ziel darin, das Blühpotenzial Ihrer Pflanze zu maximieren. Das kann bedeuten, dass Sie die Anzahl der

Knoten erhöhen oder vielleicht auch stark einschränken müssen. Wenn Sie nur wenige Pflanzen anbauen und diesen viel Licht bieten können, sind mehr Knoten besser, denn dann gibt es eine reichliche Ernte. Wenn Sie jedoch ziemlich viele Pflanzen auf kleinerem Raum anbauen, müssen Sie die Anzahl der Knoten pro Pflanze beschränken, damit die Pflanzen ihre Energie in die Produktion von ein bis zwei großen Buds stecken und ihre Nachbarpflanzen nicht beschatten.

WIE BESCHNEIDET MAN CANNABIS-PFLANZEN?

Mit diesen Informationen können Sie nun die Schnittstrategie entwickeln, die am besten zu Ihrer persönlichen Anbausituation passt. Sobald Ihre Strategie feststeht, halten Sie sich beim Beschneiden einfach an folgende Schritte:

1. Überlegen Sie, welche Zweige Sie entfernen möchten.
2. Schneiden Sie die Zweige mit einem scharfen, sterilen Instrument, z. B. einer Garten- oder Küchenschere oder einem Rasiermesser in einem Winkel von 45 Grad ab. (Aber verwenden Sie bei Pflanzen, die in Innenräumen wachsen, niemals Gartenscheren, die Sie auch im Freien verwenden: Denn dadurch könnten sich Schädlinge oder Krankheiten auf die Pflanzen im Indoor-Anbauraum übertragen.)

Nachdem Sie einen Zweig beschnitten haben, treibt Ihre Pflanze am nächstgelegenen Knoten zwei kleinere Zweige aus. Jeder dieser neuen Zweige wird zusätzliche Blüten bilden. Das hört sich zwar fantastisch an; aber man kann Cannabis-Pflanzen auch zu stark beschneiden. Die maximale Anzahl an Blüten, die eine Pflanze entwickeln kann, ist genetisch festgelegt; das heißt, ab einem bestimmten Punkt können Sie den Ertrag der Pflanze durch Beschneiden nicht mehr steigern, sondern schaden ihr damit nur. Diese Zahl ist bei jeder Sorte anders, daher erfordert das Beschneiden von Cannabis-Pflanzen schon ein bisschen Übung; doch vorerst sollten Sie Ihre Pflanzen sicherheitshalber lieber vorsichtig beschneiden. Im Internet finden Sie nähere Informationen und Tipps zum Beschneiden bestimmter Sorten.

UND WAS IST MIT DEN GROSSEN UNTEREN FÄCHERBLÄTTERN?

Lange Zeit wurde Marihuana-Anbauern empfohlen, die großen unteren Fächerblätter kurz vor der Blütezeit zu entfernen. Der Hintergedanke dabei war, dass die Pflanze durch das Abschneiden dieser Blätter mehr Energie in die Entwicklung großer Buds stecken kann. Eine extreme Variante dieser Strategie, bei der fast alle Fächerblätter entfernt werden, bezeichnet man als „Schwazzing-Technik“. Heute ist sie jedoch eher umstritten. Vergessen Sie nicht: Fächerblätter sind die Wachstumsmotoren, die Ihrer Pflanze Energie liefern. Also überlegen Sie sich, ob Sie die großen Fächerblätter nicht doch lieber dranlassen sollten. Falls eines dieser Blätter eine sich entwickelnde Blüte beschatten sollte, kann man es einfach aus dem Weg schieben. Wenn Sie Fächerblätter entfernen müssen, beschränken Sie sich dabei in erster Linie auf vergilbende oder alte Blätter.

CANNABIS-PFLANZEN STUTZEN

„Stutzen“ bedeutet, eine Pflanze nur am obersten Knoten zu beschneiden, wo sich die Cola bilden würde. Das Stutzen ist eine gängige Gartenbaumethode, um das Größenwachstum von Pflanzen zu begrenzen und den Ertrag zu steigern. Das ist auch beim Marihuana-Anbau so. Wenn Sie eine Cannabis-Pflanze stutzen, teilt sich der Hauptast in zwei Zweige. Jeder dieser Zweige kann eine Cola bilden. In manchen Fällen können Sie eine Pflanze auch zweimal stutzen, sodass jede Pflanze vier Colas bildet (siehe Abb. 6.1).

Das Stutzen sollte immer während der vegetativen Wachstumsphase erfolgen. Normalerweise sollte man eine Pflanze zwischen dem vierten und sechsten Knoten stutzen. Wenn Ihre Pflanze erst einmal begonnen hat, einen Blütenkelch zu entwickeln, ist es zum Stutzen zu spät. Um eine Cannabis-Pflanze zu stutzen, suchen Sie einfach den Hauptstamm und schneiden das oberste Blattpaar unterhalb des Knotens ab.

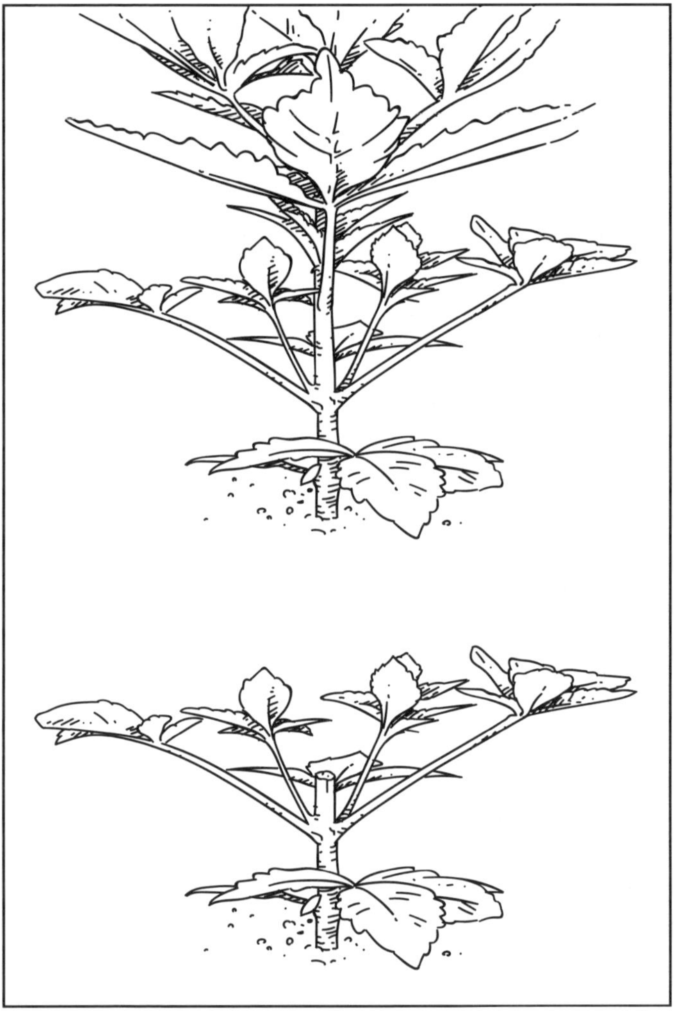

▲ Abbildung 6.1: Gestutzte Pflanze

WORIN BESTEHT DER UNTERSCHIED ZWISCHEN AUSDÜNNEN UND BESCHNEIDEN?

Beschneiden ist nicht dasselbe wie Ausdünnen. Im Gartenbau bedeutet Ausdünnen im Allgemeinen, dass man einzelne Pflanzen (normalerweise durch Abschneiden) aus der Anbaufläche entfernt, um die für die anderen Pflanzen verfügbare Fläche zu vergrößern. Beim Marihuana-Anbau würde man die Pflanzen nur zu einem frühen Zeitpunkt ausdünnen, um schwächliche Sämlinge zu entfernen. Sie können Ihre Pflanzen aber auch während der Vorblüte ausdünnen, um männliche Pflanzen zu entfernen. Ansonsten sollten Sie sich auf das Beschneiden, d. h. das selektive Entfernen von Zweigen oder Pflanzenteilen konzentrieren, um die gewünschte Wirkung zu erzielen.

CANNABIS-PFLANZEN TRAINIEREN

Das Trainieren ist eine weitere beliebte Methode, mit der Anbauer ihre Erträge steigern und das Beste aus ihrer Anbaufläche herausholen können. Vielleicht möchten Sie Ihre Pflanzen aber auch trainieren, damit sie keine Zäune überwuchern oder nicht zu nah an die Pflanzenlampen heranwachsen. Dabei verfährt man nach dem gleichen Prinzip wie bei Bonsais: Man zwingt die Pflanzen durch Ausübung von Druck, allmählich in die gewünschte Richtung zu wachsen. Das wird oft auch als „Low-Stress-Training“ (LST) bezeichnet, weil die Pflanze dabei nicht beschnitten und nur geringem Stress ausgesetzt wird (siehe Abb. 6.2). In Kombination mit vorsichtigem Beschneiden können Sie Cannabis-Pflanzen durch Training in fast jeder Anbausituation erfolgreich kultivieren. Sogar die stark berauschend wirkenden *sativa*-Sorten kann man auf kleinem Raum zum Gedeihen bringen.

▲ Abbildung 6.2: Low-Stress-Training

Da Ihre Pflanzen lediglich eine genetisch vorgegebene Höchstzahl an Blüten hervorbringen können, brauchen Sie vielleicht schon ein bisschen Erfahrung mit einer Sorte, um herauszufinden, wie viel Training sie verkraftet. Sie sollten zunächst mit einem ganz einfachen Training beginnen, bis Sie allmählich ein Gefühl dafür bekommen.

Halten Sie sich beim Trainieren Ihrer Cannabis-Pflanzen an folgende Schritte:

1 Solange die Pflanze jung und noch biegsam ist (bevor der Stängel verholzt) – also am besten zu einem frühen Zeitpunkt im

vegetativen Wachstumsstadium –, befestigen Sie auf ungefähr zwei Dritteln ihrer Höhe einen Draht oder eine Schnur an ihrem Stamm.

2 Üben Sie mit dem Draht oder der Schnur vorsichtig Zug auf die Pflanze aus, sodass sie sich umbiegt. Sie können schon an dem Tag, an dem Sie die Pflanze festbinden, mit dem Training beginnen und allmählich einen immer stärkeren Zug auf die sich biegenden Zweige ausüben. Wenn die Pflanze jung genug ist, können Sie sie bereits am ersten Tag in die gewünschte Form biegen.

3 Befestigen Sie den Draht oder die Schnur an Löchern am Rand des Pflanzgefäßes oder an einem Pfahl oder irgendeinem anderen Draht.

Sie werden feststellen, dass Ihre Pflanzen sofort auf das Training reagieren: Die Blätter werden sich schnell dem Licht zuwenden, und auch die Spitze des Hauptstamms wird nach oben wachsen und eine S-Form bilden. Sobald die Pflanze neue Zweige austreibt, wachsen diese ebenfalls nach oben und bilden eine Reihe kleiner Mini-Colas. Wenn Sie das horizontale Wachstum Ihrer Pflanze einschränken möchten, sollten Sie das Training mit Stutzen kombinieren und den Hauptknoten abschneiden.

PROFI-TIPP: SCHNÜREN SIE IHRE PFLANZEN NICHT EIN!

Verwenden Sie für das Abstützen und Trainieren Ihrer Pflanzen Bindfaden (oder monofile Schnur oder Zwirn). Aber achten Sie darauf, die Schnur nicht in einer Schlaufe um den Stamm herumzuschlingen; denn dabei besteht die Gefahr, dass der Stamm mit der Zeit zu dick für die Schnur wird und sie ihn einschnürt oder einschneidet. Um das zu verhindern, führen Sie die Schnur nur einmal um Ihre Pflanze herum (ohne eine Schlaufe zu bilden) und befestigen Sie beide Enden am Stützpfahl oder an der Seite des Behälters. Sie können auch zu einem offenen Haken gebogenen normalen Draht oder sogar Bonsaidraht verwenden.

AUF DEM WEG ZUR ERNTE

Das vegetative Wachstum wird wahrscheinlich der einfachste Teil Ihres Marihuana-Anbaus sein. Während dieser Zeit werden Sie sich auf zwei Hauptaufgaben konzentrieren: Ihre Pflanzen so zu ernähren, dass sie möglichst gut wachsen (am besten mit einem Dünger mit hohem Stickstoffgehalt, der Ihren Pflanzen alle Makro- und Mikronährstoffe liefert, die sie jetzt brauchen), und sie auf eine maximale Blüte vorzubereiten. Aber beachten Sie, dass es nicht den einen, „richtigen" Ansatz für das vegetative Wachstum gibt, der sich für jede Situation eignet. Ihre optimale vegetative Wachstumsstrategie hängt in hohem Maß davon ab, wie Sie Ihr Marihuana anbauen. Als Indoor-Grower werden Sie wahrscheinlich mehr mit dem Beschneiden und der richtigen Düngung zu tun haben. Wenn Sie Ihr Marihuana draußen in einem gut vorbereiteten Beet mit fruchtbarem Boden anbauen, werden Sie sich dagegen eher um die Abwehr von Schädlingen und anderer Probleme (siehe Kapitel 5 und 9) kümmern müssen und brauchen Ihre Pflanzen vielleicht gar nicht zu beschneiden.

Egal wie Sie vorgehen – das Ende des vegetativen Wachstums bringt auf jeden Fall eine Veränderung mit sich: Denn nun steht endlich die Ernte bevor, auf die Sie so lange hingearbeitet haben. Im nächsten Kapitel werde ich auf die Blütezeit eingehen und Ihnen Tipps geben, wie Sie eine möglichst ergiebige Ernte von hochwirksamem Marihuana erzielen können.

FÜNF TIPPS, DIE SIE SICH MERKEN SOLLTEN

Während der vegetativen Phase Ihrer Cannabis-Pflanzen ist Erfolg eine Frage der Disziplin und Aufmerksamkeit: Jetzt sollten Sie so oft wie möglich nach Ihren Pflanzen schauen und sich an die fünf wichtigsten Tipps aus diesem Kapitel halten, damit sie gut gedeihen:

1 **Düngen Sie Ihre Pflanzen.** Cannabis ist eine hungrige Pflanze, die viel Dünger braucht, um zu gedeihen. Konzentrieren Sie sich

während der Wachstumsphase auf einen stickstoffreichen Dünger mit Mikronährstoffen.

2 **Beobachten Sie Ihre Pflanzen genau!** Sie sollten sie nicht nur auf Schädlinge und Krankheiten hin kontrollieren, sondern auch auf Nährstoffmängel achten und diese bei Bedarf korrigieren.

3 **Beschneiden Sie Ihre Pflanzen je nach Bedarf.** Beim Beschneiden werden einzelne Zweige entfernt, um eine reichere Blüte zu fördern. Wie und ob Sie die Pflanzen beschneiden, hängt von Ihrer Anbausituation ab.

4 **Trainieren Sie Ihre Pflanzen je nach Bedarf.** Dabei „formen" Sie die Pflanzen, indem Sie ihre Zweige sanft biegen, damit sie wie gewünscht wachsen. In Kombination mit einem selektiven Rückschnitt ermöglicht dieses Training den Anbau von Marihuana in fast jedem Raum bzw. auf fast jeder Fläche.

5 **Achten Sie auf den Lichtzyklus.** Denken Sie daran, dass davon die Blüte Ihrer Pflanzen abhängt. Wenn die Pflanzen im Innenbereich weniger als 18 Stunden Licht bekommen, kann es sein, dass sie in die Blüte gehen. Im Freien beginnen Ihre Pflanzen zu blühen, wenn die Tage kürzer werden. Sobald die Blüte beginnt, müssen Sie Ihre Vorgehensweise ändern, um eine möglichst große Ernte zu erzielen.

KAPITEL 7

Lebensphasen der Cannabis-Pflanze:

Blütezeit

Die Blütezeit ist das letzte Stadium vor der Ernte im Lebenszyklus Ihrer Cannabis-Pflanze. Jetzt werden sich all Ihre Bemühungen auszahlen. Die Blüte ist allerdings auch eine Zeit vermehrter Wachsamkeit:

Wenn Ihre Pflanzen in dieses Stadium eintreten, müssen Sie sich intensiver um sie kümmern.

In diesem Kapitel möchte ich Sie durch diese letzte Phase führen. Zuerst werden Sie lernen, männliche und weibliche Pflanzen bereits während der Vorblüte voneinander zu unterscheiden, und erfahren auch etwas über die biologischen Aufgaben der beiden Geschlechter. Als Nächstes gehe ich auf verschiedene Aspekte der Blütezeit und auf die wichtigsten Probleme (beispielsweise Pilzbefall) ein, die während dieser Phase auftreten können, und erkläre, wie man ihnen vorbeugen bzw. sie bekämpfen kann. Mithilfe der Informationen und Tipps in diesem Kapitel können Sie Ihre Cannabis-Pflanzen erfolgreich durch die Blütephase und bis zu der mit Spannung erwarteten Ernte bringen.

DAS EINMALEINS DER CANNABIS-BLÜTE

Unter Marihuana-„Buds" versteht man die getrockneten und ausgehärteten Blüten der weiblichen Pflanze. Außer bei den selbstblühenden Sorten wird die Blüte durch eine Veränderung des Lichtzyklus' ausgelöst. In der Natur blühen Cannabis-Pflanzen, sobald auf die langen, heißen Tage des vegetativen Wachstums kühlere, kürzere Tage folgen. In Innenräumen wird die Blütezeit durch eine manuelle Änderung des Beleuchtungszyklus' eingeleitet: Normalerweise wechselt man jetzt von einem Zyklus von 24:0 (24 Stunden Licht pro Tag) oder 18:6 (18 Stunden Licht und 6 Stunden Dunkelheit pro Tag) auf 12:12 (12 Stunden Licht und 12 Stunden Dunkelheit pro Tag). Sobald Sie den Beleuchtungszyklus umgestellt haben, gehen Ihre Pflanzen vom Vorblühstadium in die Blütezeit über. In der Regel beginnt die Vollblüte dann in circa zwei Wochen.

Eine Pflanze kann erst dann blühen, wenn sie geschlechtsreif ist: normalerweise nach vier bis sechs Wochen vegetativen Wachstums oder wenn sie sechs bis acht Wochen alt ist. Zu diesem Zeitpunkt beginnen Ihre Pflanzen, an den Knoten Blütenkelche zu bilden, die jedoch wahrscheinlich noch so klein sein werden, dass man sie ohne Lupe nicht erkennt. Sobald Ihre Pflanzen die Geschlechtsreife erreicht haben, können Sie durch Umstellung des Beleuchtungszyklus' jederzeit die Blüte einleiten.

Die wichtigsten Bestandteile einer Cannabis-Pflanze während der Vorblüte und Blütezeit sind:

- **Blütenkelch:** Das ist der erste Blütenteil, der sich an den Knoten der Pflanze bildet. Anfangs sind diese Kelche oft noch sehr klein und mit bloßem Auge nicht zu erkennen. Mit der Zeit wachsen sie dann und werden als männliche oder weibliche Vorblüten erkennbar.
- **Knoten:** Das ist der Schnittpunkt zwischen Stamm und Zweig, an dem sich der Blütenkelch bildet, wenn die Pflanze heranreift.
- **Stempel:** Das ist das Geschlechtsorgan einer weiblichen Pflanze. Bei Cannabis-Pflanzen sehen die Stempel wie fusselige weiße Här-

chen aus. Stempel können zwar jederzeit aus einzelnen Blütenkelchen hervorgehen, entwickeln sich aber schnell, sobald die Pflanze richtig zu blühen beginnt.

- **Nebenblatt:** Es hat eine winzige haarähnliche Struktur, die in der Nähe des Kelchs aus dem Knoten hervortritt. (Nicht zu verwechseln mit Vorblüten.)

WIE WIRKT SICH DIE BLÜTE AUF IHRE PFLANZEN AUS?

Wie jedes Lebewesen durchläuft Ihre Pflanze bestimmte Veränderungen, wenn sie heranreift und in ihren reproduktiven Lebenszyklus eintritt. Wenn Sie über diese Veränderungen Bescheid wissen, werden Sie leichter erkennen, was Ihre Pflanzen während der Blütezeit brauchen:

- **Die Pflanzen schießen in die Höhe.** Dieser oft auch als „Stretch" bezeichnete Wachstumsschub tritt gleich zu Beginn der Blütezeit ein. Wie groß Ihre Pflanzen während der Blütezeit werden, hängt von der Sorte ab; sie können aber im Vergleich zu ihrer Größe vor der Blüte um bis zu 100 Prozent oder sogar noch mehr wachsen. Beim Indoor-Anbau besteht ein häufiger Anfängerfehler darin, die Pflanzen zu spät in die Blüte zu schicken, sodass sie bis in die Pflanzenlampen hineinwachsen und die Buds verbrennen.
- **Die Blattproduktion verlangsamt sich.** Zwar wird Ihre Pflanze auch während der Blütezeit immer noch neue Blätter austreiben, doch diese werden kleiner sein und weniger Fiederblätter pro Blatt haben. Das bedeutet, dass die Pflanze jetzt keine großen Fächerblätter mehr ausbildet; daher sollte man die Fächerblätter nicht vor der Blüte entfernen.
- **Die Produktion von Cannabinoiden nimmt zu.** Wenn die Pflanze blüht, beginnt sie schnell Cannabinoide (einschließlich CBD und THC) zu bilden. Die genaue Menge der Cannabinoid-Produktion hängt von der Sorte und den richtigen Wachstumsbedingungen ab. Die THC- oder CBD-Produktion hat bei jeder

Pflanze – selbst unter optimalen Bedingungen – ein genetisch vorgegebenes Limit.

- **Die Stickstoffaufnahme verlangsamt sich.** Wenn Ihre Pflanze sich von der Blatt- auf die Blütenproduktion verlagert, braucht sie weniger Stickstoff.
- **Die Phosphoraufnahme nimmt zu.** Während der Stickstoffbedarf Ihrer Pflanzen sinkt, brauchen sie jetzt mehr Phosphor, um große Blüten bilden zu können. Das bedeutet, dass Sie nun auf einen „Blütenverstärker" umsteigen müssen.

MÄNNLICHE UND WEIBLICHE BLÜTEN

Wie bereits in Kapitel 1 erklärt, ist eine Cannabis-Pflanze entweder männlich oder weiblich (manchmal auch zwitterig). Ohne Ausdünnung oder sonstiges Eingreifen blühen die männlichen Pflanzen stets zuerst (ein bis zwei Wochen vor den weiblichen). Ungefähr zehn Tage nach dem Erblühen öffnen sich die männlichen Blüten und setzen ihren Pollen frei. Wenn sich ein blühendes Weibchen in der Nähe befindet, heften sich diese Pollenkörner an die klebrigen, harzigen Blüten der weiblichen Blüte an und wandern in ihren Fruchtknoten hinein. Nach dieser Befruchtung steckt die weibliche Pflanze ihre ganze Energie in die Samenproduktion und bildet schließlich schwere, kegelförmige Samenstände, aus denen dann die nächste Cannabis-Pflanzengeneration hervorgeht. Die Nachkommen erben 50 Prozent der Gene jeder Elternpflanze.

PROFI-TIPP: ACHTUNG! WINDGETRAGENE POLLEN!

Cannabis-Pollen wird leicht vom Wind verbreitet, nachdem sich die Pollensäcke der männlichen Blüten geöffnet haben. In manchen Regionen, in denen viel Outdoor-Marihuana-Anbau betrieben wird, fliegt in den kühleren Monaten so viel Pollen (oft auch von wild wachsenden Cannabis-Pflanzen) in der Luft herum, dass es schwierig ist, weibliche Pflanzen vor einer Bestäubung zu schützen. Bei günstigen Witterungsbedingungen können die Pollenkörner meilenweit fliegen.

Als Anbauer besteht Ihr Ziel darin, eine Bestäubung zu verhindern und unbefruchtete weibliche Pflanzen heranzuziehen, indem Sie sie vor dem Kontakt mit Pollen schützen – sei es durch Vernichtung männlicher Pflanzen oder (im Freiland) durch Aufstellen von Barrieren, die verhindern sollen, dass die Pollenkörner zu den blühenden Weibchen gelangen. Warum sollen Ihre weiblichen Pflanzen nicht befruchtet werden? Weil die Cannabinoid-Produktion in den heranwachsenden Blüten drastisch abnimmt, sobald das Weibchen befruchtet wurde. Denn dann investiert die Pflanze ihre ganze Energie in die Bildung von Samen, sodass Sie am Ende eine Menge Samen und eine geringere Anzahl weniger wirkungsvoller Marihuana-Buds haben.

WORAN ERKENNT MAN DAS GESCHLECHT?

Zum Glück kann man männliche Pflanzen oft mit einer Lupe mit 10- bis 20-facher Vergrößerung erkennen und abschneiden, bevor die Blüte beginnt. Der Prozess der Erkennung von männlichen und weiblichen Pflanzen wird oft als „Geschlechtsbestimmung“ bezeichnet. Diese ist schon sehr früh – kurz nach dem Austreiben der Blütenkelche während des vegetativen Wachstums (normalerweise um die vierte Woche herum) – möglich (siehe Abb. 7.1). Allerdings können dabei auch Fehler unterlaufen, da die Vorblüten zu diesem Zeitpunkt noch sehr klein und nicht immer leicht als männlich oder weiblich zu erkennen sind. Daher sollte man mit der Geschlechtsbestimmung lieber warten, bis der Lichtzyklus sich verändert und die Pflanze ins Vorblühstadium eintritt, das in den ein bis zwei Wochen vor Beginn der Vollblüte stattfindet. Zu diesem Zeitpunkt wird das Geschlecht klar erkennbar, und dann haben Sie immer noch genügend Zeit, die Männchen auszusortieren, bevor sie in die Vollblüte gehen.

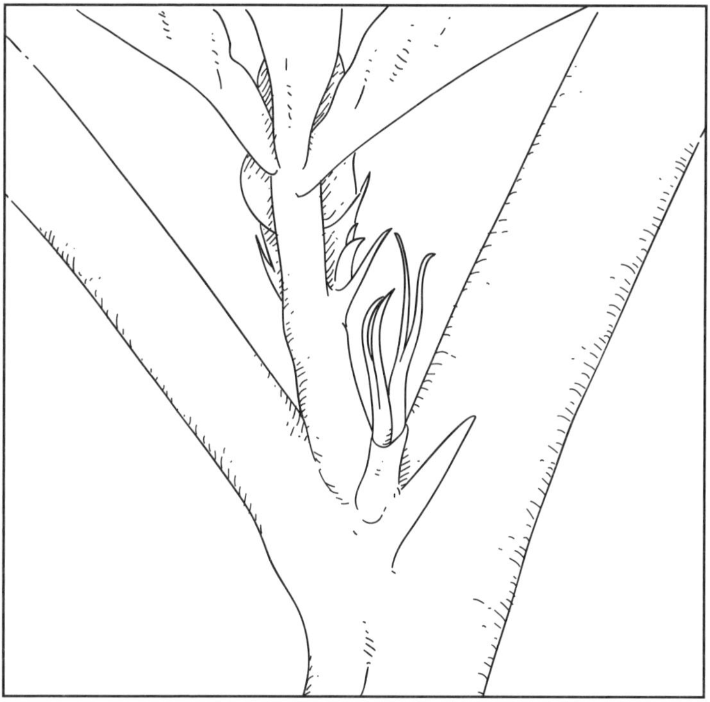

▲ Abbildung 7.1: Früherkennung einer weiblichen Blüte

Mit der Geschlechtsbestimmung beginnt man stets am oberen Ende der Pflanze und schaut sich die Knoten unter einer Lupe genau an. Wenn Sie an der Oberseite der Pflanze keines der auf den folgenden Seiten beschriebenen Kennzeichen erkennen können, wandern Sie weiter nach unten und untersuchen die Knoten entlang des Hauptstamms.

Sie können auch die Knoten an den Zweigen inspizieren, wobei Sie sich von der Zweigspitze zum Hauptstamm hin bewegen sollten.

Männliche Vorblüten

Ein männlicher Blütenkelch sitzt an einem kurzen Stiel, steht leicht von der Pflanze ab und sieht so ähnlich aus wie ein Pik-As. Schließlich entwickeln sich diese schaufelförmigen Vorblüten zu in kleinen Büscheln stehenden Kügelchen. Bei der männlichen Vorblüte fehlen die für eine weibliche Vorblüte typischen haarähnlichen weißen Blütenstempel (siehe Abb. 7.2).

Entfernen Sie Ihre Pflanzen erst dann, wenn Sie sicher sind, dass es sich um Männchen handelt. Als Anfänger sollten Sie mit dem Abschneiden der Pflanzen lieber warten, bis deutliche Vorblüten zu sehen sind, damit Sie nicht versehentlich ein Weibchen entfernen und dadurch Ihren Ernteertrag schmälern.

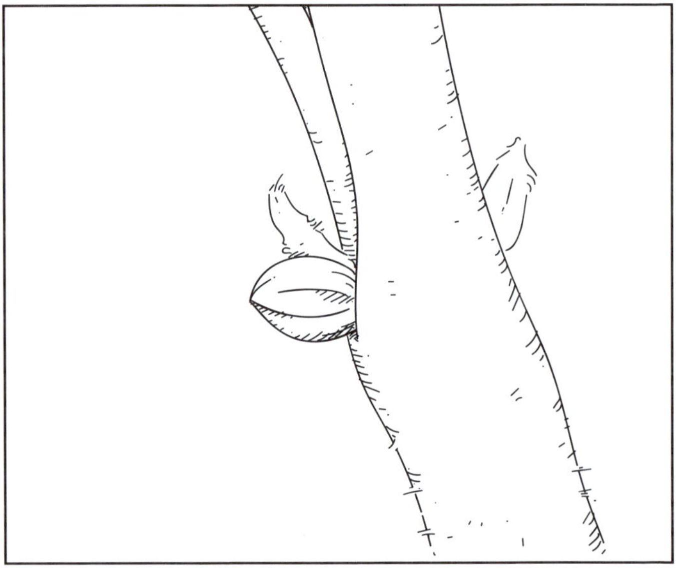

▲ Abbildung 7.2: Männlicher Vorblütenkelch

Weibliche Vorblüten

Ein weiblicher Blütenkelch schmiegt sich eng an den Blütenstiel. Aus jedem Kelch treten schon frühzeitig zwei winzig kleine weiße Härchen (Stempel) hervor. Sie sind oft noch sehr klein und sehen „fusselig" aus. Oft bilden sich die ersten Stempel eher in Richtung Oberseite der Pflanze; sie können aber überall entlang des Stamms entstehen. Wenn die Pflanze zu blühen beginnt, wachsen die Blütenstempel und werden immer mehr (siehe Abb. 7.3).

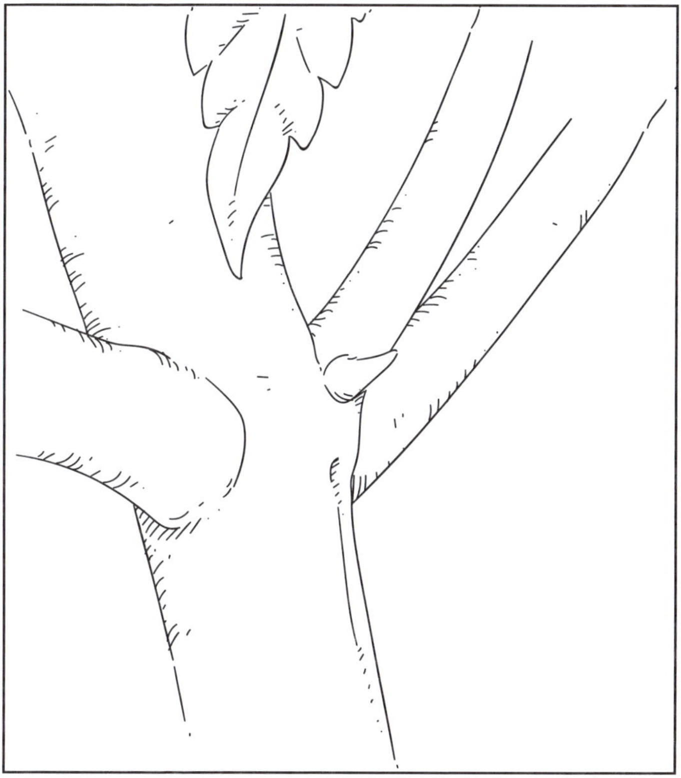

▲ Abbildung 7.3: Weiblicher Vorblütenkelch

EINTRITT IN DIE BLÜTEPHASE

Obwohl die Einleitung der Blüte in Innenräumen nicht schwierig ist (man braucht die Beleuchtung nur auf einen 12:12-Zyklus umzustellen), gibt es doch ein paar einfache Dinge, mit denen Sie Ihren Pflanzen den Übergang in die Blütezeit erleichtern können, egal ob sie drinnen oder draußen wachsen:

1. Steigen Sie auf einen „Blütenverstärker" um, sobald Sie die Blüte auslösen. Solche Dünger enthalten mehr Phosphor; die zweite Zahl in ihrem NPK-Verhältnis sollte also höher sein. Befolgen Sie beim Düngen stets die Anleitungen auf der Verpackung.
2. In den zwei Wochen vor der Blüte sollten Sie Ihre Pflanzen nicht beschneiden oder stutzen, da dies ein Schock für sie ist, von dem sie sich hinterher erst wieder erholen müssen.
3. Stellen Sie beim Indoor-Anbau einen Luftentfeuchter in Ihren Anbauraum, um die Luftfeuchtigkeit während der Blüte zu verringern. Wenn Sie die Luftfeuchtigkeit bei höchstens 45 Prozent halten, sinkt das Risiko für einen Pilzbefall Ihrer Blüten.
4. Mischen Sie zu Beginn der Blütezeit etwas Melasse in Ihr Gießwasser (etwa 1 Esslöffel pro 3,8 Liter Wasser bei jedem Gießen). Sie können auch online oder in einem Gartengeschäft Melassezusatz kaufen und in Ihr Hydrokultur-Reservoir geben. Melasse gibt Ihren Blütenknospen einen Zuckerschub und kann ihren Ertrag um bis zu 20 Prozent erhöhen.

PFLEGE IHRER PFLANZEN WÄHREND DER BLÜTEZEIT

Ungefähr zwei Wochen nach der Umstellung des Lichtzyklus' beginnen Ihre Pflanzen richtig zu blühen. Während der ersten Blütephase machen sie, wie bereits erwähnt, einen Wachstumsschub oder „Stretch" durch. Während dieser Zeit sollten Sie Ihren Pflanzen weiterhin einen hochwertigen Blütendünger verabreichen und dabei die Anleitungen auf dem Etikett befolgen. Es gibt auch viele Zusatzstoffe für blühende Pflanzen im Gartenhandel, die angeblich noch mehr Phosphor und Kalium liefern. Obwohl darunter durchaus einige qualitativ hochwertige Produkte sind, sollten Sie sich als Anfänger zunächst auf das Wesentliche beschränken und einen Blütenverstärker verwenden, der Mikronährstoffe enthält (befolgen Sie einfach die Dosierungsanleitungen auf dem Etikett).

Achten Sie darauf, Ihre Pflanzen nicht zu überdüngen. Wenn Sie sehen, dass sich Blattspitzen braun verfärben oder Flecken auf den Blättern entstehen, könnte es sein, dass die Pflanzen zu viel Dünger bekommen; also reduzieren Sie die Düngermenge so lange, bis diese Symptome abklingen. Im Allgemeinen ist es besser, zu wenig Dünger zu geben, als die Pflanzen womöglich durch Überdüngung zu schädigen.

Nach ein paar Wochen explosionsartigen Wachstums verlangsamt sich die Blüte allmählich und hört schließlich ganz auf. Jetzt haben Ihre Cannabis-Pflanzen ihre maximale Blütehöhe erreicht. Zu diesem Zeitpunkt sollten winzige Büschel weißer Haare aus den Knoten Ihrer weiblichen Pflanzen hervorsprießen, und sich echte Blütenstrukturen herausbilden (siehe Abb. 7.4).

In welchem Tempo Ihre Buds während der Blütezeit größer werden, hängt von der Sorte ab. Manche Sorten entwickeln schon frühzeitig schwere Buds, während andere erst in den letzten Wochen richtig an Gewicht zulegen. Wenn die weiblichen Blüten größer werden, verfärben sich die Stempel von Weiß zu Bernsteinfarben und schließlich zu Rostrot oder Rot. Das ist ein Zeichen dafür, dass Ihre Blüten jetzt reifen und viele Cannabinoide produzieren. Insgesamt können Sie mit einer Blütezeit von zwei bis drei Monaten rechnen. Manche *sativa-* und *sativa-*dominante Sorten blühen zwölf Wochen und einige *indica-*Sorten acht Wochen lang.

▲ Abbildung 7.4: Entwicklung der weiblichen Blüte

PROFI-TIPP: BLÜTEN NICHT ZU OFT ANFASSEN!

Mit fortschreitender Blüte bilden die Buds Ihrer weiblichen Pflanzen immer mehr klebriges Harz, um Pollenkörner „anzulocken“. Im Lauf der Zeit werden einige dieser Harzdrüsen aufplatzen, und es wird sichtbares Harz auf die darunterliegenden Blätter tropfen. Daher ist das Hantieren mit Cannabis-Blüten eine klebrige Angelegenheit, und je öfter man sie anfasst, umso mehr Harzbeutel platzen. Versuchen Sie daher, Ihre Marihuana-Blüten so wenig wie möglich zu berühren, um ein Aufplatzen der Beutel zu vermeiden. (Das Harz enthält jede Menge THC; es sollte also möglichst viel davon erhalten bleiben!)

PILZBEFALL

Die Blüte ist eine aufregende Zeit für den Marihuana-Anbauer – aber auch eine Phase, in der besondere Wachsamkeit geboten ist. Denn die dicht beieinandersitzenden klebrigen Blüten wirken sehr verlockend auf Pilze, aber auch auf viele andere Schädlinge, die gern an Ihrer Ernte teilhaben möchten. Vor allem Pilze können ein echtes Problem sein; ganze Ernten können durch Blütenfäule – auch als Grauschimmel (*Botrytis*) bezeichnet – schnell vernichtet werden. Andere Pilzarten können Blätter und Wurzeln befallen. Obwohl Pilze Ihre Pflanzen jederzeit heimsuchen können, ist dieses Risiko während der Blütezeit am höchsten.

WORAN ERKENNT MAN PILZBEFALL?

Vor allem für Anfänger ist es oft schwierig, Probleme bei ihren Pflanzen richtig einzuordnen. Doch zum Glück gibt es gewisse Anzeichen, die Ihnen einen Anhaltspunkt dafür geben können, welcher Pilz Ihre Pflanzen befallen hat. Sobald Sie den Pilz richtig erkannt haben, können Sie Schritte zu seiner Bekämpfung unternehmen.

Zu den häufigsten Pilzarten, die Cannabis-Pflanzen befallen können, gehören:

- ***Botrytis,*** auch als „Grauschimmel" oder „Blütenfäule" bezeichnet, befällt die sich bildenden Blüten und wächst oft tief im Inneren der dichten Blütenstrukturen. Dieser Pilz sieht zunächst oft „fusselähnlich" aus oder äußert sich durch dunkle Flecken auf Ihren Buds (siehe Abb. 7.5). Mit der Zeit breiten sich die dunklen Flecken über die ganze Oberfläche der Blüte aus (siehe Abb. 7.6)

▲ Abbildung 7.5: Beginnender Botrytisbefall

▲ Abbildung 7.6: Starker Botrytisbefall

- **Echter Mehltau:** Der Echte Mehltau befällt junge Blätter. Er sieht wie ein weißer, pulveriger Belag auf den Blättern aus und lässt sich leichter abwischen als Grauschimmel – doch damit ist das Problem leider nicht gelöst.
- **Wurzelfäule** tritt häufig auf, wenn man die Wurzeln der Pflanzen längere Zeit in Wasser stehen lässt. Die Wurzelfäule greift diese gestressten Wurzeln an und tötet sie langsam ab. Was unter der Erde passiert, können Sie zwar nicht erkennen; aber Sie werden sehen, dass die Blätter vom unteren Ende Ihrer Pflanze nach oben gelb werden und abfallen, bis die Pflanze schließlich eingeht.

- **Fusarium-Welke** ist ein berüchtigter Feind der Gemüsegärtner; doch leider begnügt sich diese gefährliche Pilzerkrankung nicht mit Gurken und Tomaten, sondern befällt auch gern Cannabis-Pflanzen. Das erste Anzeichen von Fusarium-Welke sind trockene Flecken auf den Blättern; dann rollen sich die Blätter ein und werden bräunlich und trocken, als ob sie verbrannt wären oder unter Wassermangel leiden würden. Kurze Zeit später geht die Pflanze ein. Fusarium-Sporen befinden sich häufig in der Erde, wo sie bei unvorsichtigem Gießen auf die Pflanze gespritzt werden können.

Falls Sie jetzt immer noch nicht genau wissen, welcher Pilz Ihre Pflanzen befallen haben könnte, suchen Sie Rat im Internet oder bei einem erfahreneren Anbauer, den Sie kennen und zu dem Sie Vertrauen haben.

WIE BEUGT MAN PILZBEFALL VOR?

Wenn Ihre Pflanzen im Freien wachsen, können Sie nicht viel gegen Pilzbefall tun. Doch auf Outdoor-Anbauflächen können sich viele Pilzarten sich zum Glück nicht so leicht ausbreiten wie in Innenräumen, zumal die Lebensbedingungen im Freien aufgrund der Luftbewegung und des vielen Sonnenlichts für Pilze nicht sonderlich günstig sind.

Wenn Sie Ihre Pflanzen jedoch in einer sehr feuchten Gegend anbauen, haben Sie ein höheres Risiko für Pilzbefall. Dann besteht die beste Vorbeugungsmaßnahme darin, eine auf Schimmelresistenz gezüchtete Sorte zu wählen. Am besten eignen sich Sorten, die in Klimazonen wie Thailand oder Hawaii gut gedeihen, wo man beim Outdoor-Anbau mit hoher Luftfeuchtigkeit und viel Regen zu kämpfen hat. Empfehlenswert sind z. B. Sorten wie Durban Poison, Northern Lights, Power Flower und Strawberry Cough. Eine Samenbank oder ein Online-Forum in Ihrer Region dürfte in der Lage sein, Ihnen noch weitere schimmelresistente Sorten zu empfehlen, die sich gut für Ihr Anbaugebiet eignen könnten.

Beim Indoor-Anbau gibt es dagegen viele einfache Möglichkeiten, das Pilzrisiko zu senken, z. B.:

- **Halten Sie Ihren Anbauraum sauber.** Lassen Sie Ihre Pflanzen nicht in Wasser stehen und lassen Sie auch keine alte Erde bzw. kein altes Substrat im Anbauraum herumliegen. Reinigen Sie Wände und Boden vor dem Bepflanzen mit einer milden Bleichlösung und wischen Sie verschüttete Flüssigkeit immer sofort auf. Das ist die beste Vorbeugungsmaßnahme, vor allem gegen Fusarium-Welke.
- **Achten Sie auf ausreichende Belüftung.** Pilze gedeihen am besten bei stehender Luft. Eine gute Belüftung trägt dazu bei, dass Ihr Anbauraum trocken bleibt und Pilze sich dort gar nicht erst festsetzen können.
- **Halten Sie die Luftfeuchtigkeit bei circa 45 Prozent.** Pilze lieben hohe Luftfeuchtigkeit. Bei einer Luftfeuchtigkeit von höchstens 45 Prozent können sie sich ebenfalls nicht so leicht ausbreiten.
- **Bringen Sie niemals Gartenwerkzeuge oder -geräte, die Sie bei der Arbeit auf dem Freiland benutzt haben, in Ihren Anbauraum,** da Pilze sich durch solche Gerätschaften leicht von einer Pflanze auf die andere übertragen.
- **Sterilisieren Sie Ihre Gartenwerkzeuge und -geräte nach jedem Gebrauch.** Durch verschmutzte Gerätschaften können Pilze leicht von Pflanze zu Pflanze übertragen werden. Reiben Sie sie nach jedem Gebrauch mit einer milden Isopropylalkohollösung ein.
- **Achten Sie auf eine gute Drainage und lassen Sie Ihre Pflanzen niemals in Wasser stehen.** Dadurch können Sie einer Wurzelfäule vorbeugen. Während der vegetativen Phase können Sie möglicherweise auch durch Umpflanzen für eine bessere Drainage sorgen.

WIE BEKÄMPFT MAN PILZBEFALL?

Im Idealfall können Sie einem Pilzbefall durch Befolgung der oben aufgeführten Ratschläge vorbeugen. Allerdings haben selbst die erfahrensten Marihuana-Grower hin und wieder mit Pilzerkrankungen zu kämpfen. Im Folgenden finden Sie Standardtherapien für die häufigsten Pilzarten, sowohl für den Indoor- als auch für den Outdoor-Anbau:

- ***Botrytis* (Blütenfäule):** Bei den ersten Anzeichen von Blütenfäule sollte man keine Zeit verlieren: Schneiden Sie die befallenen Pflanzenteile weg, stecken Sie sie in eine Plastiktüte und entsorgen Sie sie. Reinigen Sie Ihre Gartenwerkzeuge sofort, nachdem Sie eine von dem Pilz befallene Pflanze damit bearbeitet haben. Dann behandeln Sie die Pflanze mit einem für Cannabis-Pflanzen sicheren Fungizid (halten Sie sich dabei genau an die Anleitungen auf der Verpackung).
- **Echter Mehltau:** Wenn man den Mehltau sehen kann, ist wahrscheinlich bereits die ganze Pflanze befallen und muss behandelt werden. Sie können befallene Pflanzen entweder vernichten oder mit einem für Cannabis-Pflanzen sicheren Fungizid behandeln.
- **Wurzelfäule:** Da diese Pilzerkrankung zuerst die Wurzeln befällt, erkennt man sie erst, wenn die Pflanze dadurch in Mitleidenschaft gezogen wird. Die beste Lösung besteht darin, so schnell wie möglich umzutopfen und die Drainage zu verbessern.
- **Fusarium-Welke:** Sobald eine Pflanze mit diesem Pilz infiziert ist, sollte sie isoliert und möglichst schnell vernichtet werden. Diese Pilzerkrankung lässt sich nicht mit sicheren Fungiziden behandeln.

Sie sollten gegen Pilzbefall auf Ihren Cannabis-Pflanzen niemals starke chemische Fungizide einsetzen. Diese Chemikalien können den Pilz zwar abtöten, doch leider ist ihr Einsatz bei Cannabis-Pflanzen nicht ohne Gesundheitsgefahren. Wenn es um die Bekämpfung von Problemen wie Pilzen (und Schädlingen) geht, sollten Sie immer zuerst nach einer Lösung suchen, die den Prinzipien des biologischen Anbaus entspricht. Im Folgenden führe ich einige Bio-Produkte auf, die zur Behandlung von Pilzerkrankungen im Marihuana-Anbau häufig eingesetzt werden:

- ***Bacillus subtilis*** (auch als *B. subtilis* bezeichnet) ist eigentlich ein nützliches Bakterium. Es wirkt ähnlich wie die Probiotika, die man zu sich nimmt, um seine Verdauung zu verbessern. (Tatsächlich kommt B. subtilis auch im menschlichen Darm vor.) Beim Anbau von Marihuana wird *B. subtilis* als Blattspray zur Behandlung von Echtem Mehltau verwendet. Die Bakterien in dem Spray ernähren sich vom Mehltau. Man sollte das Spray während des vegetativen Stadiums oder des frühen Blühstadiums anwenden.
- **Bordeaux-Mischung:** Dabei handelt es sich um eine Mischung aus Kupfersulfat, Kalk und Wasser – ein wirksames biologisches Fungizid, das im Marihuana-Anbau aber nur als letzter Ausweg eingesetzt werden sollte, da es sich negativ auf Ihre Gesundheit auswirken kann. Befolgen Sie beim Gebrauch stets die Anleitungen auf dem Etikett und wenden Sie das Mittel nicht bei Buds an, die kurz vor der Ernte stehen.
- **Wasserstoffperoxid** ist ein sehr wirksames und ungiftiges Fungizid. Sprühen Sie eine dreiprozentige Lösung als Blattspray direkt auf Mehltau oder Schimmelbefall auf. Möglicherweise müssen Sie die Behandlung wöchentlich wiederholen, bis der Pilz verschwunden ist. Nicht auf Buds kurz vor der Erntezeit aufsprühen.
- **Neemöl** wird aus dem Samen des Neembaums gewonnen und im Gartenbau (ebenso wie übrigens auch in der ganzheitlichen Medizin) schon seit Jahrhunderten eingesetzt. Neemöl dient zwar in erster Linie als Insektizid, hat aber als Blattspray oder Zutat zu solchen Sprays auch eine systemische fungizide Wirkung. Neemöl kann jederzeit angewendet werden; allerdings sollten Sie Ihre Buds nicht kurz vor der Ernte damit besprühen.
- **Natriumbicarbonat** ist den meisten Menschen unter der Bezeichnung „Backpulver" bekannt. Es gibt auch Fungizide mit Natriumbicarbonat im Gartenfachhandel zu kaufen. Zur Bekämpfung von Mehltau und Schimmel besprühen Sie die Blatt-

ober- und -unterseiten mit einer Lösung aus 4 Teelöffeln Backpulver auf 3,8 Liter Wasser und wiederholen Sie dies je nach Bedarf so lange, bis der Pilz verschwunden ist. Dieses Mittel eignet sich für alle Lebensphasen der Pflanze.

- **Apfelessig:** Unverdünnt kann Essig Ihren Cannabis-Pflanzen schaden; in verdünntem Zustand ist er jedoch ein wirksames Fungizid. Vermischen Sie 2 Teelöffel Apfelessig mit 1 Liter Wasser und besprühen Sie die Blätter damit. Bei Bedarf wiederholen, bis der Pilz unter Kontrolle ist. Dieses Mittel eignet sich für alle Lebensphasen der Pflanze.

UND WENN DIE BLÜTEZEIT SCHON WEITER FORTGESCHRITTEN IST?

Je später in der Anbausaison es zu einem Pilzbefall kommt, umso schwieriger ist es, ihn zu bekämpfen. Normalerweise sollte man Cannabis-Blüten, die kurz vor der Reife stehen, nicht mehr mit irgendwelchen Mitteln besprühen. Außerdem sitzt ein schwerer Pilzbefall oft so tief in den Blüten, dass man mit einem Spray gar nichts dagegen ausrichten kann. Wenn eine reife weibliche Pflanze kurz vor der Ernte von einem Pilz befallen wird, ist es am besten, die Pflanze einfach frühzeitig zu ernten und die infizierten Bereiche sorgfältig wegzuschneiden. Konsumieren Sie niemals schimmelige Blüten!

ENDE DER BLÜTEZEIT

Wenn Sie zum ersten Mal Cannabis-Samen kaufen, finden Sie auf der Verpackung wahrscheinlich allgemeine Hinweise auf die Dauer der Blütezeit. Das sind zwar hilfreiche Informationen, aber Sie sollten sich nicht unbedingt darauf verlassen. Behalten Sie Ihre Pflanzen lieber genau im Auge, wenn Sie merken, dass ihre Buds immer schwerer werden. Im nächsten Kapitel erfahren Sie, woran man erkennt, wann die Blütezeit zu Ende und der richtige Zeitpunkt zum Ernten gekommen ist.

FÜNF TIPPS, DIE SIE SICH MERKEN SOLLTEN

Die Blütezeit ist eine aufregende Zeit: Es ist ein schönes Erlebnis, zu beobachten, wie die Blüten allmählich immer schwerer werden, und sich auf die Ernte zu freuen. Halten Sie sich an folgende wichtige Tipps aus diesem Kapitel, um für eine erfolgreiche Blüte zu sorgen:

1 **Achten Sie auf Erkennungsmerkmale männlicher und weiblicher Blüten.** Während der Vorblühzeit zeigen sich eindeutige Hinweise auf das Geschlecht Ihrer Pflanzen, sodass Sie alle Männchen entfernen können.

2 **Beschneiden Sie Ihre Pflanzen während der Blüte oder Vorblüte nicht.** Denn das kann ein Schock für sie sein und Ihre Ernte schmälern.

3 **Verwenden Sie einen Blütendünger.** Sobald Ihre Pflanzen zu blühen beginnen (oder wenn Sie auf einen Beleuchtungszyklus von 12:12 umschalten, um die Blüte einzuleiten), sollten Sie anfangen, sie mit einem Blütenverstärker zu düngen. Das fördert die Ausbildung größerer, schwererer Buds.

4 **Inspizieren Sie Ihre Pflanzen genau.** Cannabis-Blüten sind anfällig für Schädlinge und Krankheiten, vor allem für Pilzinfektionen;

also versuchen Sie, solche Probleme so schnell wie möglich zu erkennen.

5 **Beginnen Sie mit einer möglichst ungiftigen Behandlung.** Wenn Sie bei Ihren Pflanzen einen Schädlingsbefall oder eine Krankheit feststellen, sollten Sie sofort Behandlungsmaßnahmen ergreifen – aber beginnen Sie dabei mit der ungiftigsten Methode. Manchmal (z. B. bei schweren Pilzinfektionen zu einem späten Zeitpunkt der Blüte) ist es vielleicht besser, die Pflanze einfach frühzeitig zu ernten, als einen Behandlungsversuch zu unternehmen und dadurch womöglich die ganze Ernte zu vernichten.

KAPITEL 8

Lebensphasen der Cannabis-Pflanze:

Ernten, Aushärten und Maniküren

Die Ernte ist die aufregendste Zeit für den Marihuana-Anbauer – denn nun kann er endlich die Früchte seiner Mühe und Geduld ernten. Herzlichen Glückwunsch! Aber natürlich bedeutet das nicht, dass Sie jetzt schon mit allem fertig sind: Zusätzlich zur Ernte müssen Sie Ihre Buds auch noch maniküren, trocknen und aushärten; und Sie sollten sich für die Ernte auch genügend Zeit nehmen, um alles richtig zu machen. Schließlich hängt der Unterschied zwischen gutem und fantastischem Marihuana oft von dieser wichtigen Phase ab!

In diesem Kapitel erfahren Sie alles über die Ernte – von der Bestimmung des richtigen Zeitpunkts bis hin zur Aushärtung der geernteten Buds. Sie werden auch die Vorteile des Spülens Ihrer Cannabis-Pflanzen vor der Ernte kennenlernen, damit Sie entscheiden können, ob das für Ihre persönliche Anbausituation die beste Vorgehensweise ist. Und natürlich gebe ich Ihnen in diesem Kapitel auch immer wieder spezielle Tipps und zusätzliche Informationen mit auf den Weg, damit Sie Ihre Ernte wie ein Profi meistern können – selbst als Anfänger.

WORAN ERKENNT MAN DEN RICHTIGEN ERNTEZEITPUNKT?

Es gibt zwei Hauptkriterien, an denen man ablesen kann, wann der richtige Zeitpunkt für die Ernte gekommen ist: Stempelfarbe und Farbe der Trichome. Beide Methoden werde ich nun beschreiben. Egal für welche Sie sich entscheiden – wahrscheinlich werden Sie so oder so feststellen, dass die Veränderungen von Pflanze zu Pflanze sehr unterschiedlich sind. Bei vielen Marihuana-Sorten reifen die Blüten von oben nach unten, sodass die Hauptcola ein paar Tage vor den unteren Buds erntereif ist. Wenn Sie eine große *sativa*-Sorte im Freien anbauen, werden Sie die Blüten möglicherweise zu verschiedenen Zeiten ernten, da sie je nach Höhe zu unterschiedlichen Zeiten reif werden. Bei den kleineren, gedrungeneren *indica*-dominanten Sorten ist das eher selten der Fall.

STEMPELFARBE

Die Beurteilung der Erntezeit anhand der Stempelfarbe ist zwar die Methode der alten Schule, liefert aber nach wie vor zuverlässige Ergebnisse. Zu Beginn der Blütezeit bilden Ihre weiblichen Pflanzen weiße Stempel. Wenn die Blüten reifen, beginnen die Stempel ihre Farbe zu verändern und färben sich je nach Sorte rot, bräunlich oder rötlich-violett. Sobald ungefähr zwei Drittel der Stempel an jeder Pflanze ihre Farbe verändert haben, sind sie erntereif.

TRICHOME

Mit dieser Methode arbeiten professionelle Grower, sie erfordert ein Mikroskop mit 30-facher Vergrößerung. Dabei müssen Sie entweder die Blüten oder die kleinen Blätter, die aus den Blüten herausragen, genau unter dem Mikroskop betrachten: Dann sehen Sie, dass die Oberfläche von winzig kleinen, oben knotig verdickten Stielen bedeckt ist (siehe Abb. 8.1). Das sind die „Trichome". Trichome enthalten die Harzdrüsen der Pflanze, in denen die größten Mengen an THC und anderen Cannabinoiden gebildet werden.

▲ Abbildung 8.1: Trichome

Während die Cannabis-Blüten reifen, durchlaufen ihre Trichome drei verschiedene Phasen, die sich jeweils in unterschiedlichen Farben äußern:

1 **Durchsichtig:** So sehen die jüngeren Trichome aus, die noch keine Höchstmengen an THC gebildet haben.

2 **Milchigweiß:** Diese Farbe findet man bei reifen Trichomen, die mehr THC produzieren.

3 **Bernsteinfarben** sind ältere, bereits im Abbau begriffene Trichome.

Sie sollten ernten, wenn etwa die Hälfte der Trichome an jeder Pflanze milchigweiß und die übrigen noch durchsichtig sind. Es kann schon ein bisschen Übung erfordern zu erkennen, wann Ihre Trichome sich zu verfärben beginnen; doch selbst wenn Sie sich bei der Wahl Ihres Erntezeitpunkts nicht von dieser Methode leiten lassen, ist es trotzdem sinnvoll, auf die Trichome zu achten. Denn die Fähigkeit, sie zu erkennen, ist beim Maniküren der Buds sehr hilfreich: Sie können die abgeschnittenen Blätter nämlich für einen anderen Zweck verwenden, z. B. zur Herstellung von Haschisch (gepresstem Harz von einer blühenden Pflanze, das geraucht werden kann).

PROFI-TIPP: ANHAND DER TRICHOME KÖNNEN SIE DIE PSYCHOAKTIVE WIRKUNG IHRER BUDS ERKENNEN

Sobald Sie gelernt haben, die verschiedenen Farben Ihrer Trichome zu erkennen, können Sie Ihre Ernte so planen, dass die Buds die gewünschten psychoaktiven Wirkungen hervorrufen. Wenn Sie mit der Ernte warten, bis die Trichome allmählich einen Bernsteinfarbton annehmen, erzeugen Ihre Buds aufgrund der vermehrten Produktion bestimmter Cannabinoide einen „Couchlock-Effekt" (eine sehr stark sedierende Wirkung, bei der man das Gefühl hat, nicht mehr von der Couch hochzukommen). Dies ist bei *indica*-Buds häufiger der Fall. *Sativa*-Buds, die normalerweise geerntet werden, wenn die Trichome noch zu 50 Prozent durchsichtig und zu 50 Prozent milchigweiß sind oder bei denen die Ernte sogar zu einem noch früheren Zeitpunkt stattfindet, haben eine anregendere Wirkung.

SPÜLEN

Während der gesamten Blütezeit verabreichen Sie Ihren Pflanzen einen phosphorreichen Dünger, um die Bildung größerer und schwererer Buds zu fördern. Doch wenn es auf die Ernte zugeht, sollten Sie mit dem Düngen aufhören. Sie können Ihre Pflanzen vor dem Abschneiden zusätzlich auch noch „spülen": d. h. große Mengen klaren Wassers durch das Substrat laufen lassen und den Pflanzen dann auch keine Dünger oder Wachstumszusätze mehr verabreichen, sondern sie nur noch mit klarem Wasser gießen, damit sie alle in ihrem Gewebe verbliebenen chemischen Substanzen aufbrauchen, und um alle Salze oder Mineralien, die sich im Substrat angesammelt haben, herauszuwaschen. Dadurch verbessert sich der Geschmack der Buds.

Wann man mit dem Spülen beginnen soll, hängt davon ab, in welchem Substrat die Pflanzen wachsen. Beim Anbau in Erde beginnt man ein bis zwei Wochen, beim Anbau in Kokosfasern eine Woche und beim Anbau in Hydrokultur ein bis zwei Tage vor der Ernte mit dem Spülen. In Erde wachsende Pflanzen muss man länger spülen, da Erde Nährstoffe und Mineralien besser speichert. Beim Anbau in Hydrokultur braucht man nicht so lange zu spülen, da die Pflanzen in einem sterilen Medium wachsen und ihre Nährstoffe nur aus dem Reservoir beziehen.

Zum Spülen Ihrer in Erde oder Kokosfasern wachsenden Pflanzen lassen Sie einfach viel sauberes, klares Wasser durch das Substrat laufen. Verwenden Sie ruhig die fünf- bis zehnfache Menge des Wassers, mit der Sie Ihre Pflanzen normalerweise gießen würden. Es wird viel Wasser unten wieder herauslaufen, und genau das ist auch Ihr Ziel: Durch das Spülen versucht man alle Verunreinigungen aus dem Substrat herauszuwaschen. Machen Sie sich keine Sorgen darum, Ihre Pflanzen zu überwässern: Das Ziel besteht darin, reichlich Wasser durch das Substrat hindurchfließen und dann gleich wieder ablaufen zu lassen.

Zum Spülen Ihres Hydrokultursystems tauschen Sie die Nährlösung im Reservoir einfach gegen normales klares Wasser aus. Nach dem Spülen sollten Sie den pH-Wert des Wassers in Ihrem Reservoir überprüfen und gegebenenfalls korrigieren. Denken Sie daran, dass in Hydrokultur angebautes Marihuana am besten bei einem pH-Wert von 5,5 bis 6,5 gedeiht.

SOLL MAN SEINE PFLANZEN SPÜLEN ODER NICHT?

Obwohl hinter dem Spülen eine ganz einfache Philosophie steckt, ist die Notwendigkeit dieses Vorgehens bei den Anbauern doch umstritten. Manche Grower glauben, dass die Buds ungespülter Pflanzen manchmal ein herbes, chemisches Aroma haben, während andere keinen Unterschied bemerken und argumentieren, dass man andere

Nutzpflanzen vor dem Konsum schließlich auch nicht zu spülen braucht. Letztendlich liegt die Entscheidung bei Ihnen: Sie können z. B. nur Ihre erste Pflanze spülen und alle anderen nicht oder umgekehrt.

Hydrokultur-Anbauer spülen ihr Substrat häufiger als Grower, die ihre Pflanzen in Erde anbauen, weil sie während des Anbauprozesses mehr Chemikalien einsetzen müssen und nicht den Vorteil der Pufferfunktion von Erde haben. Wenn Sie Ihre Pflanzen nach den Prinzipien des biologischen Anbaus in Erde kultivieren und einen gesunden Boden voller Mikroorganismen und organischer Nährstoffe aufgebaut haben, können Sie problemlos auf das Spülen verzichten, ohne dass das für Ihre Ernte einen Unterschied macht.

PROFI-TIPP: VERSUCHEN SIE ES DOCH MAL MIT EINEM SPÜLPRODUKT!

Zusätzlich zum Wasser empfehlen manche Grower die Verwendung eines speziell zum Spülen entwickelten Produkts wie beispielsweise Groteks Final Flush. Solche Produkte sind normalerweise für Hydrokulturen konzipiert und spülen überschüssige Düngersalze aus dem Substrat heraus. Falls Sie sich für die Verwendung eines Spülprodukts entscheiden sollten, beachten Sie bitte die Anleitungen auf dem Etikett.

ERNTEN

Nachdem Sie den Zeitpunkt Ihrer Ernte festgelegt haben und (gegebenenfalls) mit dem Spülen fertig sind, ist es endlich an der Zeit, Ihre Buds zu ernten! Es gibt zwei Hauptmethoden, Marihuana zu ernten und dabei gleichzeitig die Pflanzen schonend zu behandeln und ihren Cannabinoid-Gehalt zu maximieren:

1. **Schneiden Sie die ganze Pflanze ab.** Das ist die Standardmethode beim Anbau in Innenräumen: Schneiden Sie einfach mit einer scharfen Schere den Hauptstamm knapp oberhalb des Substrats ab.
2. **Schneiden Sie einzelne Zweige ab.** Wenn Sie eine große Pflanze im Freien kultiviert haben, sollten Sie vielleicht lieber einzelne Zweige abernten, statt sich auf einen Kampf mit einem drei Meter hohen, mit schweren Buds beladenen Cannabis-Pflanzenmonster einzulassen. Versuchen Sie, dafür gegabelte Zweige zu wählen: Das erleichtert das Aufhängen der Zweige zum Maniküren.

Um wie ein Profi zu ernten, sollten Sie außerdem folgende einfache Tipps befolgen:

- **Schränken Sie die Lichtzufuhr ein.** Beim Indoor-Anbau sollten Sie am Ende einer dunklen Fotoperiode und beim Outdoor-Anbau sehr früh am Morgen ernten. Durch diese Einschränkung der Lichtzufuhr bauen sich die Harzdrüsen der Pflanzen nicht so stark ab (Licht zerstört Cannabinoide). Manche Indoor-Anbauer lassen ihre Pflanzen vor der Ernte sogar 24 Stunden lang ganz im Dunkeln stehen.
- **Bereiten Sie Ihren Trocknungsraum rechtzeitig vor.** Nach dem Ernten sollten Sie Ihre Pflanzen so schnell wie möglich zum Aufhängen in den Trocknungsraum bringen. Lagern Sie frisch geerntetes Marihuana vor dem Aufhängen nicht lange in einem geschlossenen Raum, da dies das Risiko für Blütenfäule erhöht. Im Trocknungsraum können Sie ganze Pflanzen kopfüber an eine monofile Angelschnur oder Zweige an eine Schnur hängen. Wenn Sie Ihre Buds in einem Schrank trocknen, können Sie die frisch geernteten Pflanzen an Drahtkleiderbügeln aufhängen.
- **Seien Sie beim Transport frisch geernteter Pflanzen vorsichtig!** Wenn Sie viele Pflanzen transportieren müssen, sollten Sie sich vielleicht lieber eine Segeltuchplane anschaffen, die Sie vorsichtig um die frisch geernteten Pflanzen wickeln können, um Quetschschäden nach Möglichkeit zu vermeiden. Man kann frisch ge-

erntete Pflanzen und Zweige auch in großen Plastikbehältern transportieren; aber achten Sie darauf, sie nicht zu dicht aufeinanderzustapeln.

- **Lassen Sie sich am Tag der Ernte viel Zeit.** Ihre Erntearbeit endet nicht mit dem Abschneiden der Pflanzen! Planen Sie genügend Zeit zum Schneiden, Aufhängen und Maniküren ein.
- **Maniküren Sie Ihre Pflanzen während des Erntens.** Wenn Sie nur ein oder zwei Pflanzen haben, ernten Sie nur so viel, wie Sie gleichzeitig maniküren können, und verarbeiten Sie die Buds während des Erntens. Man kann eine Cannabis-Pflanze durchaus etappenweise abernten, z. B. innerhalb von ein bis zwei Tagen, während man mit der Maniküre beschäftigt ist.

MANIKÜREN

Die Maniküre ist ein wichtiger Schritt zur Gewinnung hochwertiger, attraktiver Marihuana-Buds. Die schönen, klebrig-grünen Buds, die man immer auf Fotos sieht, sind das Ergebnis sorgfältiger Maniküre. Während des Manikürens entfernen Sie etwaige Blätter und trimmen Ihre Knospen so ähnlich wie beim Haareschneiden (siehe Abb. 8.2). Das kann ein langwieriger Prozess sein; daher sollten Sie vorher Ihre gesamte Ausrüstung parat haben und sich ein bequemes Plätzchen suchen, an dem Sie eine Zeit lang sitzen und Ihre Buds in Ruhe bearbeiten können.

Bevor Sie sich ins Maniküren stürzen, bedenken Sie bitte, dass es sowohl für die Maniküre als auch für das Trocknen unterschiedliche Methoden gibt. Es gibt keine „richtige" oder „falsche" Vorgehensweise, sondern nur die Methode, mit der Sie die von Ihnen gewünschten Buds erhalten!

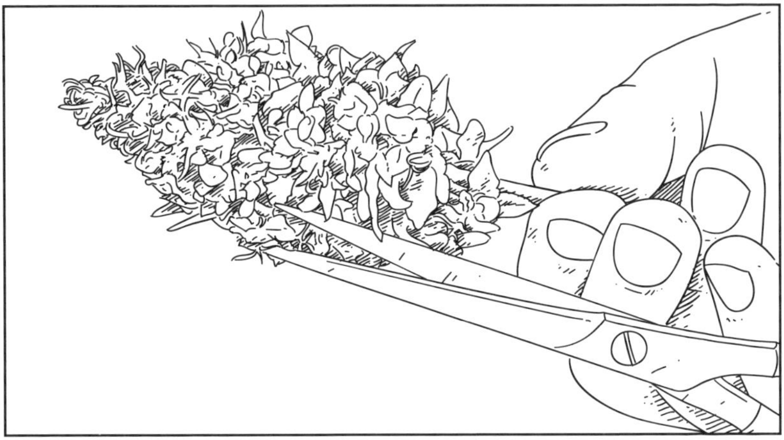

▲ Abbildung 8.2: Maniküren

Es gibt zwei Hauptmethoden:

1 **Nassmaniküre:** Dabei manikürt man die Pflanzen unmittelbar nach der Ernte, wenn die Blätter noch viel Feuchtigkeit enthalten.

2 **Trockene Maniküre:** Dabei manikürt man die Pflanzen, nachdem sie ein paar Tage lang im Trocknungsraum gehangen waren, sodass die Blätter trocken und brüchig sind.

Viele Grower halten die Trockenmaniküre für schonender, weil die großen Fächerblätter die herabhängende Pflanze in Feuchtigkeit einhüllen, was den Trocknungsprozess verlangsamt. Andere bevorzugen die Nassmaniküre, weil man auf diese Weise mehr Blätter rund um die Buds entfernen kann und weil diese dann einen weicheren Rauch liefern.

Für Ihre erste Ernte ist die Nassmaniküre ein guter Start, aber Sie können natürlich auch gerne ein bisschen experimentieren, also z. B. einige Buds nass maniküren, einige vor dem Maniküren ein bis zwei Tage lang und die restlichen vollständig trocknen lassen. All das ist Teil Ihrer Lernerfahrung bei der Produktion Ihres eigenen, unverwechselbaren Marihuanas.

Für die Maniküre benötigen Sie folgende Ausrüstung:

- **Scharfe Heckenschere zum Schneiden:** Fiskars ist eine beliebte Marke, die sehr scharfe, präzise Scheren herstellt.
- **Latex-Handschuhe,** um Ihre Hände während der Maniküre vor klebrigem Harz zu schützen.
- **Isopropylalkohol** zum Reinigen Ihrer Schere (und gegebenenfalls auch Ihrer Hände) nach der Benutzung. Das Maniküren ist eine klebrige Angelegenheit!
- **Schalen:** Backbleche eignen sich hervorragend zum Auffangen des Schnittguts während der Arbeit. Bei einem sorgfältigen Schnitt von Hand werden auch Zuckerblätter entfernt, die man auf keinen Fall wegwerfen sollte!

WAS SIND ZUCKERBLÄTTER?

Beim Ernten Ihrer Buds werden Sie feststellen, dass winzige Blättchen aus den Blüten herausstehen. Diese Blätter sind oft mit Harz überzogen und werden als „Zuckerblätter" bezeichnet. Ob Sie die Zuckerblätter an Ihren manikürten Buds belassen möchten oder nicht, ist eine Frage des persönlichen Geschmacks. Manche Grower lassen sie zum Trocknen dran, während andere sie in der Nähe der Blüte abschneiden, um mehr von den Buds freizulegen und einen weicheren Rauch zu erzeugen. Wie auch immer Sie sich entscheiden – werfen Sie sie nicht weg: Zuckerblätter sind ein qualitativ hochwertiger Bestandteil Ihrer Cannabis-Pflanze, aus dem man etwas Essbares herstellen kann.

Machen Sie sich bei der Arbeit auf einen starken Geruch gefasst, der sogar noch intensiver ist als bei blühenden Pflanzen. Achten Sie darauf, in einem Raum mit guter Belüftung und Geruchskontrolle zu arbeiten. Das bedeutet möglicherweise, dass Sie Ihre Buds im Anbauraum beschneiden müssen.

Sobald Sie alle Ausrüstungsgegenstände griffbereit haben, halten Sie sich an folgende Schritte, die für eine gute Maniküre wichtig sind:

1. Bei der Nassmaniküre: Entfernen Sie bei der Ernte sofort alle großen Fächerblätter und die größeren Sekundärblätter. (Sie können diese sogar schon einen Tag vor der Ernte abschneiden, um Zeit zu sparen.) Eine gute Faustregel besteht darin, alle Blätter wegzuschneiden, die sichtbare Stiele haben. Versuchen Sie sie so nah wie möglich am Hauptstamm abzuschneiden oder mit den Fingern abzuknipsen. Diese Blätter sollten kompostiert werden: Sie enthalten kein THC und haben kaum einen Wert.
2. Schneiden Sie die Zweige in kleinere Abschnitte, die sich gut bearbeiten lassen, und maniküren Sie dann jeweils einen Zweig. Halten Sie den Zweig am Stamm fest und versuchen Sie die Buds beim Maniküren so wenig wie möglich anzufassen.
3. Maniküren Sie über einer Schale, um den Schnitt aufzufangen, und schneiden Sie zunächst überschüssige Blätter und Zweigstücke von den Buds ab. Drehen Sie die Buds während der Arbeit, um einen gleichmäßigen Schnitt zu gewährleisten. Und schneiden Sie nicht in die Blüten hinein! Eine gute Faustregel besteht darin, die Scherenblätter flach an der Blüte zu halten und nicht zur Blüte hin. Der Hauptstamm des Zweigs sollte intakt bleiben, damit Sie die Buds nach der Maniküre daran aufhängen können.
4. Schneiden Sie so lange, bis Sie mit dem Aussehen Ihrer Buds zufrieden sind. Im Idealfall sollten es schöne, kompakte Buds sein, aus denen keine sichtbaren Blätter mehr herausstehen.
5. Sobald Sie fertig sind, klopfen Sie vorsichtig mit der Schere auf den Zweig, um die in den Buds verbliebenen Blattteile herauszuschütteln. Je nachdem, wie viel Sie maniküren, müssen Sie vielleicht zwischendurch eine Pause einlegen und Ihre Schere von daran festgeklebtem Harz reinigen.
6. Sobald Sie mit der Maniküre fertig sind, hängen Sie Ihre Buds am Zweig zum Trocknen auf.

PROFI-TIPP: WERFEN SIE DAS HARZ NICHT WEG!

Vielleicht haben Sie schon Grower, die ohne Handschuhe schneiden, von „Fingerhaschisch“ sprechen hören. Das sind die Harzkügelchen, die beim Maniküren an der Haut kleben bleiben. Wenn Sie Ihre harzüberzogenen Finger aneinanderreiben, können Sie die kleinen Kugeln voneinander trennen und damit einen sehr wirkungsvollen Rauch erzeugen. Sie können auch das Harz, das sich während des Manikürens an Ihren Werkzeugen und Geräten – ja sogar auf Ihren Latexhandschuhen – ansammelt, retten: Legen Sie die klebrigen Latexhandschuhe in die Gefriertruhe, um das daran haftende Harz zu härten, oder werfen Sie sie einfach in einen Schrank und lassen Sie sie trocknen. Dann können Sie das Harz abpulen und verwenden.

TROCKNEN

Das Trocknen Ihrer Buds ist der nächste Schritt nach der Maniküre und sollte am besten in einem dunklen Raum mit niedriger Luftfeuchtigkeit (45 bis 55 Prozent) bei einer Temperatur von 18 bis 24 °C erfolgen. Dunkel sollte es deshalb sein, weil sich bei Licht die Cannabinoide abbauen, was die Potenz Ihres Marihuanas beeinträchtigen würde. Eine niedrige Luftfeuchtigkeit trägt zur Vorbeugung von Blütenfäule bei. Das Trocknen sollte ein langsamer, kontrollierter Prozess sein. Versuchen Sie ihn nicht durch einen auf Ihre Buds gerichteten Lüfter oder durch äußere Hitzeeinwirkung zu beschleunigen: Das würde Ihrem Marihuana einen herben, unangenehmen Beigeschmack verleihen.

Nach der Maniküre bringen Sie Ihre Buds in den Trocknungsraum, um sie an monofiler Angelschnur, Kleiderbügeln oder irgendeiner anderen Vorrichtung Ihrer Wahl aufzuhängen (siehe Abb. 8.3). Manche Grower nutzen ihren Anbaubereich gleichzeitig auch als Trocknungsraum, um den Geruch zu reduzieren. Wenn Sie Ihren

Anbauraum inzwischen jedoch schon wieder für die Anzucht neuer Pflanzen in Betrieb genommen haben, müssen Sie einen anderen Trockenbereich finden.

Während des langsamen Trocknens verlieren Ihre Buds Feuchtigkeit – aber Sie brauchen sie nicht so lange zu trocknen, bis sie brüchig werden: Getrocknete Buds sind tief im Inneren immer noch leicht feucht. Diese innere Feuchtigkeit kommt dann während des Aushärtens heraus, was zu einem wunderbar milden und doch weichen Rauch führt.

Wie lange genau Sie Ihre Buds trocknen sollten, hängt von der Umgebung und von Ihrer Manikürmethode ab. Wenn Sie sich für eine trockene Maniküre entschieden und die Fächerblätter bei der Ernte drangelassen haben, kann das Trocknen fünf bis sieben Tage oder noch länger dauern. Wenn Sie die Fächerblätter bereits entfernt und eine Nassmaniküre durchgeführt haben, können kleinere Buds innerhalb von drei bis fünf Tagen trocknen, während größere vielleicht eine Woche dafür brauchen. Es hängt alles von Ihrer Umgebung ab: In heißeren, trockeneren Räumen trocknen die Buds schneller, während der Trocknungsprozess in kühleren Räumen mit höherer Luftfeuchtigkeit langsamer abläuft.

Während dieses Prozesses sollten Sie Ihre Buds täglich kontrollieren, um sicherzugehen, dass sie richtig trocknen. Achten Sie auf Anzeichen von Blütenfäule, Schimmel oder sonstigen Schädlingen. Töten Sie Insekten und Milben mithilfe von Klebefallen oder zerdrücken Sie sie mit den Fingern. Wenn Sie die Buds in Ihrem Anbauraum trocknen, denken Sie daran, den Raum zuerst einmal gründlich auf Schädlinge zu behandeln, bevor Sie etwas anderes darin anpflanzen. Falls Sie Schimmel an Ihren Buds entdecken, schneiden Sie die befallenen Stellen heraus, werfen sie weg und überlegen, ob Sie Ihre Buds nicht doch lieber in einen Raum mit niedrigerer Luftfeuchtigkeit verlagern sollten.

▲ Abbildung 8.3: Zum Trocknen aufgehängte Pflanzen

Anzeichen dafür, dass die Buds trocken sind:

1 Die größeren Stängel sind spröde genug, um mit einem hörbaren Knacken zu zerbrechen. An den Bruchstellen sind weder Fasern noch sonstiges Pflanzenmaterial zu erkennen.

2 Wenn Sie vorsichtig auf eine Ihrer Buds drücken, fühlt sie sich von außen trocken, in der Mitte aber immer noch schwammig an.

VERWENDUNG EINES TROCKENGESTELLS ODER EINER TROCKENBOX

Manche Züchter hängen ihre Buds für ein paar Tage zum Trocknen auf, schneiden sie dann von den Stämmen bzw. Zweigen ab und lagern sie auf Trockengestellen oder in Trockenboxen. Andere entfernen den größten Teil der Stämme, Zweige und Stängel bereits bei der Maniküre und führen den gesamten Trocknungsprozess auf Trockengestellen durch.

Falls Sie sich für ein Trockengestell oder eine Trockenbox entscheiden, breiten Sie die Buds zunächst einmal auf dem Gestell oder in der Schachtel aus. Aber stapeln Sie sie nicht zu dicht aufeinander: Denn dadurch werden wertvolle Trichome zerkleinert, was die Qualität Ihres Marihuanas beeinträchtigt. Wenn Sie Ihre Buds auf einem Gestell trocknen, wenden Sie sie jeden Tag vorsichtig. Regelmäßiges Wenden beugt Schimmel vor, sorgt für eine gleichmäßigere Trocknung und verhindert, dass die Buds an einer Seite flach gedrückt werden.

Trockengestelle oder Trockenboxen sind zwar eine durchaus praktikable Methode, die Großanbauer gerne anwenden; doch als Anfänger sollten Sie Ihre Buds lieber so lange zum Trocknen aufhängen, bis sie zum Aushärten bereit sind. Das ist eine sanftere, schonendere Methode, bei der das Risiko einer Schädigung Ihrer kostbaren Buds nicht so groß ist.

PROFI-TIPP: BASTELN SIE IHRE TROCKENBOX SELBST

Trockenschränke gibt es zwar im Internet zu kaufen; doch es ist ganz einfach, selbst einen solchen Schrank aus Fenstergittern zu bauen. Legen Sie eines der Gitter in eine große Kiste aus Holz oder Pappe, wobei Sie zuvor kleine Holzblöcke in die vier Ecken der Kiste einsetzen, auf die Sie dann das Fenstergitter auflegen. Als Nächstes belegen Sie das Gitter mit einer einzelnen Schicht Buds, setzen an den Ecken vier weitere Holzblöcke ein und stellen ein zweites Gitter darauf, das Sie dann mit einer weiteren

Schicht Buds belegen. Sie können Ihre Buds bis zu den obersten 5 Zentimeter der Kiste stapeln. Denken Sie daran, die Buds täglich zu wenden, um einem Schimmelbefall vorzubeugen!

AUSHÄRTUNG DER BUDS

Das Aushärten Ihrer Buds ist der letzte Schritt nach dem Trocknen, und Sie sollten auf gar keinen Fall darauf verzichten. Das Aushärten läuft so ähnlich ab wie das Trocknen, nur langsamer; und es muss stets in einem luftdichten Behälter wie beispielsweise einem Glas oder einer Kiste erfolgen. Dabei verteilt sich die Restfeuchtigkeit gleichmäßig in den Buds. Das Aushärten ist für die Herstellung eines befriedigenden Marihuanas mit weichem Rauch unerlässlich. Der ideale Behälter dafür ist ein Einmachglas mit weiter Öffnung.

Um Ihre Buds auszuhärten, schneiden Sie die Stiele in kleinere Abschnitte (falls Sie das nicht schon getan haben) und schichten die Buds locker in ein Glas. Geben Sie nur so viele Buds in das Glas hinein, wie Sie problemlos aufeinanderstapeln können, ohne Druck auf sie auszuüben. Sobald das Glas voll ist, verschließen Sie es und bewahren es an einem dunklen, kühlen Ort auf. Wiederholen Sie diesen Vorgang mit den übrigen Buds.

Der erste Aushärtungstag ist besonders wichtig: Ungefähr drei Stunden nach dem Füllen und Einlagern Ihrer Einmachgläser sollten Sie prüfen, ob an den Innenseiten der Gläser Feuchtigkeit zu erkennen ist. Falls ja, waren Ihre Buds noch nicht bereit für die Aushärtung: Dann nehmen Sie sie wieder aus den Gläsern und legen sie für einen weiteren ganzen Tag in eine Papiertüte, um den Trocknungsprozess abzuschließen. Knicken Sie den oberen Rand der Tüte ein, um den Feuchtigkeitsverlust zu verlangsamen.

Öffnen Sie die Gläser während der gesamten Aushärtungszeit täglich und schieben Sie die Buds vorsichtig mit dem Finger hin und her, damit sie ihre Restfeuchtigkeit abgeben und um Schimmelbildung vorzubeugen. Ein gutes Aushärteglas ist eine geschützte Mikroumgebung, in der sich der Trocknungsprozess sehr sanft und schonend zu Ende führen lässt.

Alles in allem sollte das Aushärten je nach Größe, Sorte und Feuchtigkeit der Buds zwei bis sechs Wochen dauern. Nähere Informationen darüber, wie lange Ihre Buds aushärten sollten, finden Sie im Internet oder bei einer Samenbank in Ihrer Region. Sobald sie vollständig ausgehärtet sind, können Sie Ihr selbst angebautes Marihuana genießen!

PROFI-TIPP: GEBEN SIE OBSTSCHALEN DAZU!

Manchmal trocknen die Buds während des Aushärtens ein bisschen zu schnell aus und müssen rehydriert werden. (Zu schnell ausgehärtete Buds können zu einem zu herben Rauch führen.) Die beste Rehydrierungsmethode besteht darin, zusätzlich frische Buds in das Glas zu geben. Falls Sie keine frischen Buds haben, können Sie stattdessen auch Obstschalen verwenden: Geben Sie ein bisschen Zitronen- oder Orangenschale in das Glas und vermischen Sie diese mit den Buds. Aber übertreiben Sie es nicht: Eine 2,5 cm langes Stück Schale sollte für den Anfang ausreichen. Achten Sie darauf, dass Ihre Buds nicht zu viel Feuchtigkeit abbekommen, da dies zu Pilzbefall führen könnte. Mit der Zeit gibt die Schale Feuchtigkeit an die Buds ab und verleiht ihnen außerdem eine köstliche Zitrusnote.

LAGERUNG

Ausgehärtete Buds sollte man am besten in einem luft- und lichtdichten Behälter aufbewahren. Obwohl Buds im Handel ziemlich oft in vakuumverschlossenen Plastikbeuteln versendet werden, sollten Sie nach Möglichkeit keine solchen Beutel verwenden, da die Buds bei der Vakuumversiegelung zerdrückt werden können. Ziehen Sie stattdessen lieber den Kauf eines Vakuumverschließers in Erwägung, der mit Glasgefäßen und speziellen Vakuumdeckeln arbeitet. Es gibt viele gute, erschwingliche Produkte auf dem Markt, also gehen Sie auf die Suche! Es gibt sogar speziell auf individuelle Bedürfnisse zugeschnittene vakuumversiegelte Marihuanagläser, die eine Überprüfung der Feuchtigkeit im Inneren des Glases ermöglichen. In vakuumversiegelten Gläsern aufbewahrtes Marihuana hält monatelang, da bei dieser Lagerung kaum THC abgebaut wird. Bewahren Sie die versiegelten Gläser im Kühlschrank auf.

Wenn Sie keinen Vakuumverschließer haben, können Sie Ihre ausgehärteten Buds auch in einem Glas mit dicht schließendem Deckel aufbewahren. Dabei verlieren sie zwar schneller an Potenz als in vakuumverschlossenen Gläsern, aber Sie werden trotzdem viele Wochen lang Freude an Ihrer Ernte haben.

Beim erstmaligen Öffnen eines vakuumverschlossenen Glases sollte ein leises Zischen zu hören sein, das durch das Eintreten der Luft entsteht. Das ist ein Zeichen dafür, dass die Vakuumversiegelung erhalten geblieben ist und Ihre Buds fast so frisch und wirkungsvoll sind wie am ersten Tag nach der Aushärtung.

PROFI-TIPP: FRIEREN SIE IHRE BUDS NICHT EIN!

Vielleicht haben Sie auch schon mal vom Einfrieren ausgehärteter Buds gehört? Diesen Ratschlag können Sie getrost ignorieren. Denn durch Einfrieren verwandelt sich die in den Buds verbliebene Feuchtigkeit in Eiskristalle, und beim Auftauen werden die Harzdrüsen beschädigt.

FÜNF TIPPS, DIE SIE SICH MERKEN SOLLTEN

Sie haben Ihre Cannabis-Pflanzen nun erfolgreich angebaut und werden in Kürze in den Genuss der Früchte Ihrer Arbeit kommen. Ernte, Aushärtung und Maniküren sind die drei letzten Schritte in diesem

Prozess – also genießen Sie sie! Halten Sie sich an die folgenden wichtigsten Tipps aus diesem Kapitel, um Ihr Marihuana richtig zu ernten, zu maniküren und aushärten zu lassen:

1 **Erstellen Sie vorher einen Zeitplan.** Nehmen Sie sich am Tag der Ernte viel Zeit, um Ihre Buds in Ruhe maniküren zu können.

2 **Entscheiden Sie sich für eine Manikürmethode.** Schneiden Sie bei der Ernte entweder die ganze Pflanze auf einmal ab, um sie anschließend zu maniküren, oder zerkleinern Sie sie in einzelne Abschnitte und maniküren Sie sie gleich während der Ernte. Maniküren Sie die Buds mit einer scharfen Schere möglichst nah an der Blüte, ohne jedoch in die Blüte hineinzuschneiden.

3 **Wählen Sie die richtige Umgebung für den Trocknungsprozess.** Hängen Sie Ihre Buds in einem kühlen Raum mit niedriger Luftfeuchtigkeit auf. Nach einer normalen Nassmaniküre sollte das Trocknen circa drei bis fünf Tage dauern.

4 **Kontrollieren Sie Ihre aushärtenden Buds zwischendurch immer wieder.** Denken Sie daran, sie in ihrem Glas täglich zu wenden, um Blütenfäule vorzubeugen.

5 **Lagern Sie die ausgehärteten Buds in einem luftdichten Behälter** (am besten in einem vakuumverschlossenen Glas). Falls Sie keinen Vakuumverschließer haben, können Sie sie auch in ganz normalen, dicht schließenden Gläsern aufbewahren. Wenn Sie Ihre Buds im Kühlschrank lagern, behalten sie ihre Potenz länger.

KAPITEL 9

Schädlinge

Egal wie sauber Sie Ihre Anbaufläche halten oder wie sorgfältig Sie Ihre Sorten auswählen – früher oder später werden Sie beim Marihuana-Anbau vielleicht trotzdem Probleme mit Schädlingen bekommen. Im Freien werden sich Insekten oder größere Tiere über Ihre Pflanzen hermachen. In Innenräumen können sie von saugenden, fressenden oder unterirdisch lebenden Insekten befallen werden, die sich mit erstaunlicher Geschwindigkeit vermehren und schlimmstenfalls eine ganze Marihuana-Kultur vernichten können. Doch zum Glück gibt es ein paar einfache Methoden, solche Schädlinge zu bekämpfen oder ihnen sogar vorzubeugen.

In diesem Kapitel lernen Sie die bei Cannabis-Pflanzen am häufigsten vorkommenden Schädlinge kennen und erfahren, wie Sie sie von Ihren Pflanzen fernhalten bzw. bekämpfen können. Dabei gehe ich zunächst einmal nur auf Insektenschädlinge und Milben ein; in Kapitel 5 finden Sie Informationen über den Umgang mit größeren Fressfeinden wie Rehen und Kaninchen im Freien, und in Kapitel 7 erfahren Sie, wie man Pilzerkrankungen in den Griff bekommt.

DIE SCHÄDLINGSBEKÄMPFUNGS-HIERARCHIE

Bevor Sie sich in meine Informationen über die häufigsten Schädlinge vertiefen, die Ihnen beim Marihuana-Anbau in die Quere kommen können, sollten Sie unbedingt beachten, dass bei der Schädlingsbekämpfung eine ganz bestimmte Reihenfolge zu empfehlen ist:

1 **Vorbeugung:** Angriff ist die beste Verteidigung! Wenn Sie sich bereits in der Planungsphase über Vorbeugungsmaßnahmen Gedanken machen und diese während der ganzen Anbauzeit konsequent durchhalten, können Sie vielen Schädlingsproblemen vorbeugen. Einer dieser ersten Schritte besteht darin, Maßnahmen für einen optimalen Schutz und für die Reinhaltung Ihres Anbaubereichs einzuplanen.

2 **Manuelle Kontrolle:** Wenn Sie auf einer Ihrer Pflanzen eine Raupe sehen, nehmen Sie sie ab! Das Gleiche gilt für Käfer, Blattläuse und andere Insekten, die Sie in diesem Kapitel kennenlernen werden. Viele Schädlinge kann man einfach von seinen Pflanzen abzupfen oder sogar mit einem Papiertuch oder Lappen wegwischen. (Aber achten Sie darauf, dabei niemals andere Pflanzen zu berühren und den Lappen anschließend sofort aus Ihrem Anbaubereich entfernen!) Nähere Informationen über manuelle Bekämpfungsmethoden für die verschiedenen Schädlinge, mit denen Sie es möglicherweise zu tun haben werden, finden Sie im Abschnitt zum Thema Schädlingsbekämpfung weiter unten in diesem Kapitel.

3 **Biologische Schädlingsbekämpfung:** Dazu gehört die Anwendung von natürlichen Schädlingsbekämpfungs- bzw. -vernichtungsmitteln wie beispielsweise Gartenbauöl. Nähere Informationen zu biologischen Bekämpfungsmethoden für die Schädlinge, die Ihnen vielleicht begegnen werden, finden Sie im Abschnitt zum Thema Schädlingsbekämpfung weiter unten in diesem Kapitel.

4 **Chemische Schädlingsbekämpfung:** Solche Maßnahmen sollten stets der allerletzte Ausweg sein – und auch nur, um eine Invasion

zu stoppen, bevor diese Ihre gesamte Ernte vernichtet. Doch selbst dann ist es immer noch besser, befallene Pflanzen zunächst einmal aus Ihrem Anbaubereich zu entfernen. Behandeln Sie Ihre Cannabis-Pflanzen niemals mit etwas, was Sie nicht auch essen, trinken oder rauchen würden! Im Abschnitt zum Thema Schädlingsbekämpfung weiter unten in diesem Kapitel finden Sie nähere Informationen über chemische Schädlingsbekämpfungsmethoden.

HÄUFIGE SCHÄDLINGE

Der erste Schritt zur Schädlingsvorbeugung und -bekämpfung besteht darin, sich über die häufigsten Cannabis-Schädlinge zu informieren. Schließlich möchten Sie wissen, mit welchen Gefahren Sie möglicherweise rechnen müssen – und zwar von der Planungsphase Ihres Anbaus bis hin zur Vorbereitung auf die Ernte. Manche Schädlinge sind auf den ersten Blick sichtbar, während andere nur an kleinen verräterischen Anzeichen zu erkennen sind. Auf den folgenden Seiten beschreibe ich die häufigsten Schädlinge, die es auf Ihre Cannabis-Pflanzen abgesehen haben könnten.

SPINNMILBEN

Spinnmilben gehören zu den gefürchtetsten Schädlingen im Marihuana-Anbau. Diese winzigen achtbeinigen Spinnentiere sind mit bloßem Auge kaum erkennbar, können Ihre Pflanzen aber innerhalb weniger Tage vernichten. Die kleinen Monster heften sich an die Blattunterseiten und saugen die Pflanzensäfte aus (siehe Abb. 9.1).

Sobald ihre Population zunimmt, spinnen sie die Blätter in ein Netz dünner Fäden ein, die sichtbar werden, wenn man die Blätter mit Wasser besprüht, weil sie dann glänzen (siehe Abb. 9.2).

Die ersten sichtbaren Anzeichen von Spinnmilbenschäden sind normalerweise kleine gelbliche Flecken an den Blattoberseiten. Diese Flecken können sich schnell vermehren, wenn die Milbenpopulation zunimmt. Mit der Zeit kräuseln sich die Blätter dann und fallen ab.

▲ Abbildung 9.1: Spinnmilbe

▲ Abbildung 9.2: Befallene Pflanze

BLATTLÄUSE

Blattläuse sind kleine saugende Insekten mit weichem Körper, die sich an den Stängeln und Blättern Ihrer Pflanzen festsetzen und ihnen den Saft aussaugen. Außerdem fördern sie die Entstehung von Rußtau, einem Pilz, der auf dem ausgeschiedenen Honigtau der Blattläuse gedeiht. Blattläuse kommen sowohl in Innenräumen als auch im Freiland extrem häufig vor; manchmal werden sie von Ameisen verbreitet, die die Blattläuse „züchten“, um ihren süßen Honigtau abzumelken.

Blattläuse sind sehr viel größer als Milben und mit bloßem Auge normalerweise leicht zu erkennen. Sie vermehren sich auch sehr rasch und bilden schnell Kolonien an jungen Trieben.

RAUPEN

Raupen sind die Larven von geflügelten Insekten wie z. B. Schmetterlingen oder Nachtfaltern. Diese Schädlinge stellen vor allem im Freien, wo sich die geflügelten Insekten leicht Zugang zu Ihren Pflanzen verschaffen und Eier darauf ablegen können, ein Problem dar.

Raupen sind normalerweise nicht schwer zu erkennen. Obwohl es viele verschiedene Raupenarten gibt, sind sie allesamt größer als andere saugende oder Blätter fressende Insekten. Sie sind unersättlich und können eine Pflanze innerhalb weniger Tage bis auf den Stamm kahlfressen. Um Raupenbefall zu erkennen, halten Sie Ausschau nach Blättern, die vom Blattrand zur Mitte hin angenagt sind. Man kann Raupen aber auch an ihrem Kot erkennen: Kleine schwarze Flecken auf den Blättern Ihrer Pflanzen, die wie schwarzer Pfeffer aussehen, können ein Anzeichen für Raupenbefall sein.

MINIERFLIEGEN

Die winzig kleinen Larven dieser Fliegen fressen sich durch das Innere der Blätter hindurch und hinterlassen dabei geschlängelte Narben auf den Blättern. Diese Narben sind in erster Linie ein Schönheitsfehler und kommen vor allem bei Freilandpflanzen vor, sodass Sie sie einfach ignorieren können. Ein schwerer Befall kann allerdings das Wachstum Ihrer Pflanzen beeinträchtigen.

SCHMIERLÄUSE

Bei diesen auch als Wollläuse bezeichneten Schädlingen handelt es sich um saugende Insekten mit weichen Körpern, die von einem schmierigen Flaum bedeckt sind und ganze Kolonien auf Pflanzen bilden, von deren Saft sie sich ernähren. Sie stellen vor allem beim Indoor-Anbau ein Problem dar (im Freien werden diese Läuse oft von natürlichen Fressfeinden in Schranken gehalten).

Von Schmierläusen befallene Blätter vergilben und fallen ab; außerdem hemmen die Läuse das Wachstum der Pflanze und begünstigen die Ausbreitung von Rußtau. Sie setzen sich besonders gern an jungen Trieben fest.

SCHILDLÄUSE

Diese kleinen saugenden Insekten sind von einer harten Schale umgeben. Sie sehen wie kleine Punkte oder Schorf auf der Pflanzenoberfläche aus. Das eigentliche Insekt befindet sich unter dieser schützenden Hülle. Schildläuse sind vor allem beim Indoor-Anbau ein Problem, lassen sich aber zum Glück oft ziemlich leicht bekämpfen und führen nicht zu einem raschen Absterben Ihrer Cannabis-Pflanzen.

WEISSE FLIEGE

Diese winzig kleinen Fliegen legen ihre Eier auf Pflanzen ab. Sowohl die ausgewachsenen Fliegen als auch die Larven saugen Saft aus den Pflanzen und verursachen Schäden, die so ähnlich aussehen wie Milbenbefall. Ebenso wie bei Schildläusen führt ein Befall durch weiße Fliegen selten zum Eingehen der Pflanzen, verlangsamt aber ihr Wachstum und kann den Ernteertrag schmälern. Außerdem produzieren weiße Fliegen süßen Honigtau, der die Ausbreitung von Rußtau begünstigt.

Weiße Fliegen kann man anhand eines einfachen Tests von Milben unterscheiden: Wenn Sie Ihre Pflanzen schütteln, stiebt aus den Blättern eine Wolke winziger weißer Fliegen hervor.

SCHÄDLINGSVORBEUGUNG

Weil es so wichtig ist, wiederhole ich es an dieser Stelle noch einmal: Angriff ist die beste Verteidigung. Durch richtige Planung und Pflege kann man vielen Schädlingsproblemen von vornherein vorbeugen. Auf den nächsten Seiten zeige ich Ihnen einfache Möglichkeiten zur Verhinderung von Schädlingsbefall an Ihrer Freiland- oder Indoor-Kultur.

WELCHE SORTEN SIND BESONDERS SCHÄDLINGSRESISTENT?

Wählen Sie die Sorte(n) Ihren Anbaubedingungen entsprechend aus. Kleinwüchsige, gedrungene *indica*-Sorten sind normalerweise anfälliger für Pilz- und sonstigen Schädlingsbefall, während *sativa*-Sorten pilzresistenter sind und Schädlingsprobleme aufgrund ihres schnellen Wachstums besser überwinden können. Daher eignet sich eine *sativa*-Sorte möglicherweise besser für den Freilandanbau in einem Umfeld, in dem es mehr Schädlinge gibt.

SCHÄDLINGSBEKÄMPFUNG BEIM FREILANDANBAU

Outdoor-Grower haben in der Natur einen natürlichen Verbündeten. Zwar gibt es im Freien jede Menge Schädlinge, aber eben auch natürliche Fressfeinde und Nützlinge, die Ihnen helfen, den Schädlingsbefall unter Kontrolle zu halten. Diesen natürlichen Schutz können Sie noch verstärken, indem Sie kein großes Beet anlegen, auf dem nur verlockende Cannabis-Pflanzen wachsen, sondern Begleitpflanzen daruntermischen. Zu den besten Begleitpflanzen für Cannabis gehören:

- **Mais:** Versierte Anbauer wissen, dass Mais und Marihuana gut zusammenpassen. Denn Mais ist nicht nur eine hervorragende Tarnpflanze, sondern lockt außerdem Schädlinge von Ihren Cannabis-Pflanzen weg.
- **Ringelblumen** sind die beliebtesten Cannabis-Begleitpflanzen und sehen abgesehen von ihrem praktischen Nutzen auch noch wunderschön aus. Sie sollen angeblich die Wachstumsrate der in ihrer Nähe wachsenden Pflanzen erhöhen und schrecken außerdem Käfer und andere fressende und saugende Insekten wie beispielsweise weiße Fliegen ab.
- **Sonnenblumen** gehören zu den Begleitpflanzen, die Schädlinge von den Pflanzen weglocken, auf die es dem Anbauer eigentlich ankommt – in diesem Fall also Cannabis. Sonnenblumen locken Mücken und Schildläuse, aber auch Insekten an, die die gefürchteten Spinnmilben fressen.

Außerdem empfiehlt es sich, in der Nähe Ihrer Cannabis-Pflanzen verschiedene Kräuter anzubauen, obwohl die Pflege von Kräutern schwierig sein kann, wenn Sie keinen ständigen Zugang zu Ihrer Pflanzung haben. Doch falls Sie Ihr Marihuana in Ihrem Garten oder in einem Gewächshaus anbauen, zu dem Sie ständigen Zugang haben, könnten Sie zusätzlich Kräuter wie Basilikum, Korianderkraut, Pfefferminze, Knoblauch und Dill anpflanzen. Diese Kräuter schmecken nicht nur köstlich, sondern wehren auch viele Insekten wie beispielsweise Milben, Blattläuse, Käfer und Raupen ab.

SCHÄDLINGSBEKÄMPFUNG BEIM INDOOR-ANBAU

Beim Indoor-Anbau haben Ihre Schädlinge zwar keine natürlichen Fressfeinde; doch dafür haben Sie Ihren Anbauraum hundertprozentig unter Kontrolle. Das beste Erfolgsrezept zur Vorbeugung von Schädlingsproblemen in Innenräumen ist eine sorgfältige Hygiene, die gleichzeitig auch das Risiko für Pilzbefall senkt. Halten Sie sich an folgende einfache Tipps, um Schädlingen in Ihrem Anbauraum vorzubeugen:

1 **Benutzen Sie Ihre Gartenwerkzeuge oder -geräte für den Außenbereich niemals drinnen.** Wenn Sie ein Werkzeug oder Gerät einmal im Freien benutzt haben, sollten Sie es nie in Ihren Anbauraum mitnehmen, ohne es vorher gründlich gereinigt zu haben. Denn Schädlinge gelangen am schnellsten durch verschmutzte Werkzeuge in den Anbauraum.

2 **Halten Sie Ihren Anbauraum sauber.** Das bedeutet, dass Sie den Boden regelmäßig fegen und trocken halten sollten und dass niemals altes organisches Material wie beispielsweise gebrauchte Blumenerde dort herumliegen darf. Ihr Anbauraum muss zwar nicht unbedingt wie ein Operationssaal im Krankenhaus aussehen, aber Sie sollten ihn sauber und ordentlich halten. Schädlinge gedeihen besonders gut in feuchten, dunklen Ecken, wo sie sich verstecken können.

3 **Ziehen Sie sich vor dem Betreten Ihres Anbauraums um.** Gehen Sie niemals direkt von draußen in Ihren Anbauraum, sondern ziehen Sie sich vorher stets eine saubere Hose und ein sauberes Hemd an.

4 **Waschen Sie sich die Hände.** Sie assistieren zwar nicht in einem Operationssaal, aber Sie sollten sich trotzdem jedes Mal die Hände waschen, wenn Sie in den Anbauraum zu Ihren Pflanzen gehen.

5 **Verwenden Sie Blumenerde oder sonstiges Substrat nicht zweimal.** Das kann zwar durchaus verlockend sein, weil man dadurch Geld spart; aber es ist trotzdem keine gute Idee, denn mit der Zeit werden sich in Ihrer ausgelaugten Blumenerde wahrscheinlich Insekteneier einnisten. Verwenden Sie altes Substrat lieber in Ihrem Garten: Ihr Freilandgemüse wird es Ihnen danken.

6 **Halten Sie Ihre Pflanzen gesund.** Cannabis ist von Natur aus eine kräftige Pflanze, die aus Schädlingsbefall oft problemlos „herauswächst“. Schwache, kranke Pflanzen dagegen ziehen Schädlinge

und Krankheiten an. Also versuchen Sie möglichst gesunde Pflanzen heranzuziehen, dann werden Sie weniger Schädlingsprobleme haben.

7 **Achten Sie genau auf Ihre Pflanzen.** Untersuchen Sie sie auf Anzeichen von Problemen! Überprüfen Sie die Blattunterseiten gründlich auf Insekten, Eier oder Gespinste von Spinnmilben. Überprüfen Sie auch die Stämme, Stiele und Blattknoten. Wenn Sie erste schädliche Insekten sofort entdecken und bekämpfen, können Sie vermeiden, dass sich der Schädlingsbefall zu einem großen Problem auswächst.

SCHÄDLINGSBEKÄMPFUNG

Wenn Ihre Pflanzen von Schädlingen befallen werden, müssen Sie diese ausmerzen. Natürlich kann es verlockend sein, gleich zu einem Pestizid zu greifen; doch eigentlich sollte das erst der letzte Ausweg sein. Normalerweise sollte man stets mit der ungiftigsten Schädlingsbekämpfungsmethode beginnen (manuelle Bekämpfung, z. B. eine Raupe von einer Pflanze abzupfen und woanders hinbringen) und nur bei Bedarf nach und nach stärkere biologische Mittel einsetzen. Sie werden feststellen, dass man viele Probleme durch genaues Hinschauen und schnelles Handeln beheben kann, ohne auch nur ein einziges Schädlingsbekämpfungsmittel anwenden zu müssen – egal ob man sein Marihuana drinnen oder draußen anbaut.

Im Folgenden möchte ich Ihnen die besten Methoden zum Umgang mit den häufigsten Marihuana-Schädlingen erläutern:

- **Spinnmilben:** Kleine Spinnmilbenkolonien können Sie beseitigen, indem Sie befallene Blätter von Hand entfernen und die Tiere mit behandschuhten Händen oder mit einem Schwamm wegwischen. (Sie sollten aber niemals mit einem Schwamm oder Handschuh, der mit befallenen Pflanzen in Kontakt gekommen ist, gesunde Pflanzen berühren. Dieser Grundsatz gilt für alle Schädlingsbekämpfungsmaßnahmen.) Falls das nicht funktioniert, versuchen Sie es mit einem biologischen Mittel wie Knoblauchspray. Erst wenn Sie auch damit keinen Erfolg haben, sollten Sie zu stärkeren Mitteln wie Neemöl, Gartenbauöl oder Pyrethrum greifen. Spinnmilben haben einen Fortpflanzungszyklus von circa fünf Tagen, was bedeutet, dass Sie befallene Pflanzen alle fünf Tage aufs Neue behandeln müssen, bis die Milben verschwunden sind. Falls Sie das Problem nicht in den Griff bekommen, reißen Sie die Pflanze heraus oder schneiden Sie sie ab. Wenn sie kurz vor der Ernte steht, können Sie sie sofort ernten; aber seien Sie sich darüber im Klaren, dass Spinnmilben auch Buds mögen! Um einer Ausbreitung der Milben vorzubeugen, hängen Sie Marihuana-Blüten, die von Milben befallen sein könnten, nicht in der Nähe anderer Buds auf.

- **Blattläuse** können Sie einfach mit behandschuhten Fingern (oder mit einer Papierserviette oder einem Lappen) wegwischen. Inspizieren Sie auch die Blattunterseiten, denn dort können ebenfalls Blattläuse sitzen. Im Freien können Sie Ihre Pflanzen kräftig mit einem Gartenschlauch abspritzen, um die Läuse zu entfernen. Falls das nicht funktioniert oder die Pflanzen zu viele Blattläuse haben, die sich nicht alle manuell beseitigen lassen, können Sie Ihr Glück während der vegetativen Wachstumsphase mit Gartenbauseife oder -öl versuchen. Auch Pyrethrum ist ein sehr wirksames Blattlausbekämpfungsmittel. Behandeln Sie kleinere befallene Stellen nur punktuell. Blattläuse haben einen Lebenszyklus von circa 40 Tagen, vermehren sich aber extrem schnell, sodass Sie Ihre Pflanzen ungefähr jede Woche behandeln müssen, bis der Befall unter Kontrolle ist. Falls Sie ein chemisches Bekämpfungsmittel verwenden, besprühen Sie Ihre Pflanzen nicht kurz vor der Erntezeit damit.
- **Raupen** können Sie einfach von den Pflanzen abzupfen oder mit *Bacillus thuringiensis* (Bt) bekämpfen, einem in der Natur vorkommenden Bakterium, das Raupen abtötet. Bt ist als Köder oder in Pulverform erhältlich. Auch mit Pyrethrum kann man ausgewachsene Raupen abtöten. Falls Sie ein chemisches Bekämpfungsmittel

verwenden, besprühen Sie Ihre Pflanzen nicht kurz vor der Erntezeit damit.

- **Minierfliegenlarven** sind oft schwierig zu bekämpfen, da die Larven im Inneren des Blattes naturgemäß gut geschützt sind. Schneiden Sie die befallenen Blätter ab und werfen Sie sie weg. Ausgewachsene Minierfliegen kann man mit Klebefallen einfangen, um den Larvenbefall unter Kontrolle zu halten. Sie können den Boden aber auch mit Neemöl durchtränken: Das Öl wird durch die Wurzeln bis in die Blattadern hinein aufgenommen und tötet alle Minierfliegenlarven ab. Neemöl ist ein sanftes, schonendes Pestizid; aber Sie sollten Ihre Pflanzen trotzdem nicht kurz vor der Erntezeit damit behandeln.
- **Schmierläuse** entfernt man mit behandschuhten Händen oder mit einem Tuch. Sie können die Läuse auch mit Wasser von den Blättern wegsprühen. Falls das nicht funktioniert, können Sie sie während des vegetativen Wachstums mithilfe einer Lösung aus Franzbranntwein oder insektizider Seife beseitigen. Falls Sie ein stärkeres Mittel benötigen, ist Neemöl oder Pyrethrum eine gute Wahl.
- **Schildläuse** versuchen Sie zunächst einfach mit dem Finger von Ihrer Pflanze abzukratzen. Dann entsorgen Sie die Läuse und waschen sich die Hände, bevor Sie Ihre Pflanzen erneut anfassen. Sie können die Tiere aber auch mit einem in Franzbranntwein getauchten Wattestäbchen abwischen. Schildläuse vermehren sich nicht so schnell wie manch andere Schädlinge, aber Sie müssen Ihre Pflanzen vielleicht trotzdem alle paar Wochen aufs Neue behandeln. Falls es mit der manuellen Beseitigung nicht klappt, können Sie Ihre Pflanzen während des vegetativen Wachstums mit Neemöl, Gartenbauöl, insektizider Seife oder Pyrethrum behandeln; aber wenden Sie diese Mittel nicht kurz vor der Erntezeit an.

- **Weißen Fliegen** kann man mit Pyrethrum oder Knoblauchspray den Garaus machen. In wärmeren Gegenden haben diese Fliegen einen ziemlich kurzen Lebenszyklus; also behandeln Sie Ihre Pflanzen einmal pro Woche, bis keine Anzeichen von Befall mehr zu erkennen sind.

PROFI-TIPP: WÄHREND DER BLÜTE KEINE INSEKTIZIDE SEIFE ANWENDEN!

Insektizide Seife ist bei Bio-Gärtnern zwar sehr beliebt, für die Verwendung im Marihuana-Anbau während der Blütezeit aber nicht zu empfehlen. Denn solche Seifen sind schwerer als herkömmliche Sprays und können daher wertvolle Trichome von Ihren blühenden Pflanzen abstreifen. Man sollte sowieso niemals eine blühende Cannabis-Pflanze mit Spray behandeln; aber wenn es unbedingt sein muss, verzichten Sie dabei auf insektizide Seife und verwenden stattdessen lieber ein anderes Mittel wie beispielsweise Neemöl.

HÄUFIG VERWENDETE PESTIZIDE

Im Allgemeinen sollten Pestizide bei Schädlingsbefall stets Ihr letzter Ausweg sein. Durch Sorgfalt beim Anbau und bei der Pflege seiner Pflanzen (z. B. Reinhaltung des Anbauraums und Verzicht auf die Verwendung derselben Gartengeräte und -werkzeuge im Freien und in Innenräumen) kann man das Risiko für Schädlingsprobleme senken. Falls Sie trotzdem einmal zu einem Pestizid greifen müssen, sollten Sie eines der unten empfohlenen biologischen Mittel wählen. Diese Produkte können Sie in jeder Anbausituation – egal ob drinnen oder draußen – anwenden; aber halten Sie sich dabei immer an die Anleitungen auf dem Etikett und verwenden Sie bei Bedarf eine angemessene Schutzausrüstung! Wie alle chemischen Substanzen sollten Sie auch diese Mittel nicht kurz vor der Erntezeit anwenden. Wenn

Pflanzen kurz vor der Ernte einen schweren Schädlingsbefall aufweisen, ist es besser, die befallenen Teile wegzuschneiden und frühzeitig zu ernten, wobei Sie allerdings darauf achten müssen, diese Buds getrennt von den anderen zu trocknen, damit sich die Schädlinge nicht noch weiter ausbreiten.

Bacillus thuringiensis

B. thuringiensis (Bt) gehört zu den mikrobiellen Schädlingsbekämpfungsmitteln, die in Bio-Gärten am häufigsten zum Einsatz kommen. Das in Form von Pulver, Flüssigkeit, Staub oder Granulat erhältliche Bt ist ein nützliches Bakterium und für pflanzenfressende Raupen giftig. Obwohl es für Menschen ungiftig ist, sollte man Bt nicht als reine Vorbeugungsmaßnahme, sondern nur bei Raupenbefall anwenden.

Knoblauchspray

Knoblauchspray ist ein bewährtes biologisches Pestizid und Schädlingsabwehrmittel. Dank der natürlichen antibiotischen und fungiziden Eigenschaften von Knoblauch kann dieses Spray Ihre Pflanzen auch vor Pilz- und bakteriellen Infektionen schützen. Um selbst ein Spray aus Knoblauchöl herzustellen, weichen Sie 90 g geschälte, fein gehackte Knoblauchzehen über Nacht in 60 ml Mineralöl ein. Dann wird die Mischung abgeseiht und in einer großen Sprühflasche mit 50 ml Wasser vermischt. Sie können auch flüssiges Geschirrspülmittel (unparfümiert und ohne Zusätze) hinzufügen, damit sich das Spray besser verteilt und an der Pflanze haften bleibt. Verwenden Sie 2 Esslöffel Geschirrspülmittel pro 3,8 l Spray. Dieses Mittel sollte nur bei Pflanzen im vegetativen Wachstumsstadium angewendet werden.

Gartenbauöl

… wird normalerweise aus Mineralöl hergestellt und überzieht die Insekten mit einer öligen Schicht, die sie ertränkt oder erstickt. Das Erfolgsrezept für eine wirksame Anwendung besteht darin, die Pflanzen gründlich mit dem Öl zu überziehen und es so oft wie nötig neu aufzutragen. Je nach Behandlungserfolg muss es einmal pro Woche oder alle paar Tage neu aufgetragen werden. Aber besprühen Sie keine blühenden Pflanzen damit!

Neemöl

… ist ein erstaunlich wirksames biologisches Mittel für Marihuana-Anbauer. Es ist Pestizid, Insektenschutzmittel und Fungizid zugleich. Außerdem können Sie Ihre Pflanzen damit sowohl äußerlich als auch von innen behandeln. Für eine Behandlung von innen vermischen Sie das Öl einfach mit dem Gießwasser, sodass die Pflanzen es über die Wurzeln aus ihrem Substrat aufnehmen. Als aufgesprühtes Spray hilft Neemöl gegen Spinnmilben, Blattläuse, Schmierläuse, Käfer u. a. Sie können Ihre Pflanzen auch während der gesamten Wachstumsphase einmal wöchentlich zur Vorbeugung mit dem Öl besprühen.

WAS IST DAS BESONDERE AN NEEMÖL?

Neemöl wird aus den Samen des in Indien heimischen Neembaums (*Azadirachta indica*) gewonnen und nicht nur zur Schädlingsbekämpfung und zur Vorbeugung gegen Pilzbefall bei Pflanzen, sondern auch in der Alternativmedizin zur Behandlung von Parasiten, Magenverstimmungen, Diabetes, ja sogar Zahnfleischerkrankungen eingesetzt. Neemöl ist für die Anwendung in Bio-Gärten zugelassen und gilt als für den Menschen ungiftig, wenn man es in vorschriftsmäßigen Mengen und gemäß den Anleitungen für die Nutzung im Gartenbau entsprechend anwendet. Wenn es ein biologisches Schädlingsbekämpfungsmittel gibt, das man stets parat haben sollte, dann ist es Neemöl!

Pyrethrum

… ist das stärkste Pestizid, das für den Einsatz im Marihuana-Anbau empfohlen wird; doch wenn Sie es verwenden, kann es Ihre ganze Ernte retten. Dieses Mittel wird u.a. aus den getrockneten Blütenköpfen der Dalmatinischen Insektenblume (*Tanacetum cinerariifolium*) hergestellt und ist auch als Extrakt unter dem Namen „Pyrethrin" erhältlich. Außerdem gibt es eine synthetische Variante dieses Produkts mit der Bezeichnung „Pyrethroid", die man im Marihuana-Anbau aber unter gar keinen Umständen einsetzen sollte, da sie viel stärker ist als Pyrethrum. Durch Kontakt mit Pyrethrum werden viele Insekten und Milben – z. B. Blattläuse, Spinnmilben, Käfer, Thripse und weiße Fliegen – abgetötet. Befolgen Sie die Anleitungen auf dem Etikett und wenden Sie Pyrethrum nicht an blühenden Pflanzen oder in den letzten drei Wochen vor der Ernte an.

**PROFI-TIPP:
SICHERE ANWENDUNG VON PFLANZENSCHUTZSPRAYS**

Bei der Arbeit mit chemischen Substanzen sollten Sie stets Sicherheitsvorkehrungen (z. B. Tragen von Handschuhen, Schutzbrillen und Mundschutz, um das Einatmen von Sprays zu vermeiden) treffen und die Anweisungen auf dem Etikett befolgen. Handschuhe und einfache Atemschutzmasken gibt es in Gartencentern zu kaufen. Tragen Sie lange Hemden, eine lange Hose und geschlossene Schuhe und halten Sie sich (je nachdem, ob Sie Ihre Pflanzen drinnen oder draußen anbauen) an die notwendigen Vorsichtsmaßnahmen. Recherchieren Sie vorher gründlich, um sich über die besten Schädlingsbekämpfungsmethoden und -mittel zu informieren und herauszufinden, in welchen Zeiträumen man diese Mittel gefahrlos anwenden kann. Außerdem sollten Sie lieber erst mal eine kleinere „Testfläche" Ihrer Pflanzen behandeln, um zu sehen, wie sie auf die Behandlung reagieren. Wenn Sie die Pflanzen dann mit dem Spray behandeln, sollten Sie dies schon zu einem frühen Zeitpunkt während des Lichtzyklus' tun und darauf achten, Lampen und elektrische Geräte nicht mit zu besprühen. (Notfalls heben Sie die Lampen an.) Außerdem sollten Sie niemals mehrere Produkte zu einem Spray vermischen (es sei denn, dies wird auf dem Etikett ausdrücklich empfohlen) und Ihre Sprühgeräte nach dem Gebrauch stets leeren und reinigen. Achten Sie darauf, selbst gemischte Sprays in einem genau beschrifteten Behälter aufzubewahren, da man leicht vergisst, was in so einer Flasche enthalten ist.

HALTEN SIE DIE AUGEN OFFEN!

Leider ist es im Rahmen dieses Buches nicht möglich, auf sämtliche Krankheiten und Schädlinge einzugehen, die Ihre Pflanzen befallen könnten. Zusätzlich zu den bereits beschriebenen Pilz- und Schädlingsproblemen können Cannabis-Pflanzen auch für verschiedene Arten von Welke, Fäule, Mehltau, Schimmel, ja sogar für Algenbefall anfällig sein. Sie bieten ihnen optimale Wachstumsbedingungen; da ist es unvermeidlich, dass sich auch andere Pflanzen und Insekten in dieser Umgebung wohlfühlen. Nähere Informationen über andere Schädlinge und Pilze, Licht- und Bewässerungsprobleme usw. finden Sie im Internet oder bei einer Samenbank. Vielleicht sollten Sie außerdem die vorherigen Kapitel dieses Buches noch einmal genau durchlesen, um sich Informationen über größere Schädlinge zu beschaffen und etwaige Dünge-, Beleuchtungs- und sonstige Probleme zu beheben.

Vor allem aber sollten Sie Ihre Pflanzen genau beobachten und so oft wie möglich untersuchen. Es gibt nichts Besseres, als ein Problem schon in seinen Anfängen zu erkennen und zu beheben! Achten Sie auf Warnsignale wie gelbe, gekräuselte oder deformierte Blätter, schwarze oder braune Flecken, Kot oder Gespinste von Schädlingen.

FÜNF TIPPS, DIE SIE SICH MERKEN SOLLTEN

Für einen Anfänger kann der Marihuana-Anbau schon ziemlich kniffig sein, vor allem, wenn Sie noch nicht viel Erfahrung im Gärtnern haben. Doch mithilfe der Informationen in diesem Buch sollte es Ihnen gelingen, vom Anfänger (der bisher vielleicht noch nicht einmal eine Zimmerpflanze selbst gezogen hat) zu einem erfahrenen Marihuana-Anbauer zu werden. Und letztendlich ist Cannabis eine widerstandsfähige Pflanze, die schon seit Jahrtausenden Seite an Seite mit uns Menschen wächst und gedeiht. Auch wenn bei Ihrem ersten Anbau vielleicht nicht gleich alles so läuft wie geplant – geben Sie nicht auf! Bleiben Sie bei der Stange, arbeiten Sie die verschiedenen Kapitel in diesem Buch noch einmal genau durch und merken Sie sich die fünf wichtigsten Punkte zum Thema Schädlingsbekämpfung:

1. **Der erste Schritt ist Vorbeugen.** Wenn Sie frühzeitig Maßnahmen ergreifen, um Ihre Pflanzen weniger anfällig für Schädlinge in Ihrem Garten bzw. Anbauraum zu machen, können Sie sich später viel Ärger ersparen.
2. **Beobachten Sie Ihre Pflanzen!** Wenn Sie braune Flecken, kleine Netze oder Exkremente auf den Blättern sehen, handeln Sie schnell und lösen Sie das Problem, bevor sich die Schädlinge ausbreiten.
3. **Beginnen Sie immer mit der ungiftigsten Behandlungsmethode.** Meistens wird das irgendein manuelles Schädlingsbekämpfungsverfahren sein – z. B. Raupen von den Pflanzen absammeln oder schädliche Insekten mit einem kräftigen Wasserstrahl wegspritzen.
4. **Beginnen Sie so schonend wie möglich.** Falls Sie ein Schädlingsbekämpfungsmittel verwenden müssen, fangen Sie mit der mildesten, schonendsten Variante an: Versuchen Sie es z. B. erst mal mit einem Knoblauchspray, bevor Sie zu einer chemischen Substanz greifen. Befolgen Sie stets die Anweisungen auf dem Etikett und tragen Sie beim Umgang mit Chemikalien eine angemessene Schutzausrüstung.

5 **Eine frühe Ernte ist immer noch besser als gar keine.** Wenn Sie Ihr Schädlingsproblem beim besten Willen nicht in den Griff bekommen, sollten Sie die befallenen Pflanzen isolieren und vernichten. Falls die Ernte kurz bevorsteht, können Sie sie frühzeitig abernten und auf diese Weise versuchen, wenigstens einen Teil Ihrer Buds zu retten.

Weiterführende Informationen

WEBSEITEN

General Hydroponics
https://generalhydroponics.com

High Times
https://hightimes.com

Leafly
www.leafly.com

Overgrow
https://overgrow.com

Rollitup
www.rollitup.org

Royal Queen Seeds
www.royalqueenseeds.com

SeedFinder
https://en.seedfinder.eu

Space Buckets
www.spacebuckets.com

Wikileaf
www.wikileaf.com

BÜCHER

Bradley, Fern Marshall, Barbara W. Ellis, und Deborah L. Martin (Hrsg.). *The Organic Gardener's Handbook of Natural Pest and Disease Control: A Complete Guide to Maintaining a Healthy Garden and Yard the Earth-Friendly Way*. New York: Rodale, 2010

Cervantes, Jorge. *Marihuana Anbaugrundlagen: Der praktische Leitfaden für Cannabisfreunde*. Solothurn: Nachtschatten Verlag, 2011

Green, Greg. *The Cannabis Breeder's Bible: The Definitive Guide to Marijuana Genetics, Cannabis Botany and Creating Strains for the Seed Market*. San Francisco: Green Candy Press, 2005

Green, Greg. *The Cannabis Grow Bible: The Definitive Guide to Growing Marijuana for Recreational and Medical Use*. San Francisco: Green Candy Press, 2017

Rosenthal, Ed. *Marijuana Grower's Handbook: Your Complete Guide for Medical and Personal Marijuana Cultivation*. Oakland, CA: Quick American Publishing, 2010

Glossar

ABHÄRTEN

Allmähliche Gewöhnung einer drinnen gezogenen Pflanze an die Wachstumsbedingungen im Freiland.

AEROPONIK

Bei dieser Anbaumethode wachsen Pflanzen ohne Substrat und erhalten Wasser und Nährstoffe durch Benebeln oder Besprühen ihrer Wurzeln.

ANBAUSCHRANK

Ein Anbausystem, das normalerweise aus einem festen Bauteil wie einer Kommode besteht, die mit Pflanzenlampen, einem Belüftungssystem und anderem Equipment ausgestattet ist.

ANBAUZELT

Ein speziell für gärtnerische Zwecke entwickeltes Zelt.

AUSDÜNNEN

Entfernen einzelner Pflanzen aus einer Anbaufläche (wird oft praktiziert, um den übrigen Pflanzen mehr Platz für ihr Wachstum zu bieten).

AUSHÄRTEN

Nach dem Trocknen werden die Marihuana-Buds in einen luftdichten, geschlossenen Behälter (z. B. ein Glas) geschichtet, damit sich die in den Buds verbliebene Feuchtigkeit langsam abbaut und gleichmäßig verteilt.

BELEUCHTUNGSZYKLUS siehe **LICHTZYKLUS**

BESCHNEIDEN
Entfernen einzelner Zweige, um einen gewünschten Effekt (z. B. Anpassung der Pflanzenform an einen bestimmten Anbauraum) zu erzielen.

BLÜTENKELCH
Ein Blütenteil, der sich schon sehr frühzeitig an den Knoten der Pflanze bildet. Anfangs sind diese Kelche oft noch sehr klein und mit bloßem Auge nicht zu erkennen. Mit der Zeit werden sie größer und als männliche oder weibliche Vorblüten erkennbar.

BLÜTENVERSTÄRKER
Ein Düngemittel mit höherem Phosphoranteil.

BLÜTEZEIT
Das Stadium nach dem vegetativen Wachstum und der Vorblüte, in dem die Pflanze blüht.

BUD
Umgangssprachliche Bezeichnung für eine Marihuana-Blüte.

CANNABIDIOL (CBD)
Ein in Marihuana enthaltenes Cannabinoid, das manchmal für medizinische Zwecke verwendet wird.

CANNABINOIDE
Chemische Substanzen, die sowohl im menschlichen Körper als auch von Cannabis-Pflanzen produziert werden. Sie sind im menschlichen Körper bioaktiv.

CANNABINOID-REZEPTOREN
Spezialisierte Andockstellen an der Oberfläche von Zellen im menschlichen Körper, an denen sich Cannabinoide wie CBD und THC

anlagern können, um ihre Wirkungen im Organismus auszuüben. (Auch unter dem Namen „CB1"- und „CB2"-Rezeptoren bekannt.)

CANNABIS INDICA

Eine Marihuana-Unterart, die häufig in Innenräumen angebaut wird. (Oft einfach nur als Indica bezeichnet.)

CANNABIS RUDERALIS

Eine Marihuana-Unterart, die häufig zur Züchtung verwendet wird. (Oft einfach nur als Ruderalis bezeichnet.)

CANNABIS SATIVA

Eine Marihuana-Art, die normalerweise für den Konsum angebaut wird. (Oft auch *C. sativa* abgekürzt.) *C. sativa* umfasst die Unterarten *C. indica* und *C. ruderalis*. Pflanzen mit vorherrschendem *C.* sativa-Erscheinungsbild werden manchmal einfach als Sativa bezeichnet und normalerweise im Freien angebaut.

COLA

Eine einzelne große Marihuana-Blüte.

EBBE-UND-FLUT-SYSTEM

Ein Hydrokultursystem, bei dem die Pflanzen auf einer Art Tisch angebaut werden, der nach einem bestimmten Zeitplan immer wieder mit Wasser und Nährstoffen geflutet wird.

EINSCHNÜREN

Wenn die Schnur oder der Draht, die bzw. den man um den Stamm oder Stängel einer Pflanze herumbindet, zu stark in diesen einschneidet, besteht die Gefahr, dass die Pflanze nicht mehr genügend Wasser und Nährstoffe erhält.

ELEKTRISCHE LEITFÄHIGKEIT (EC)

Ein Maß für die Konzentration von Düngesalzen in einer Hydrokulturlösung. Die EC wird häufig als Maß für die Stärke von Düngemitteln in der Hydrokultur verwendet.

ENDOCANNABINOIDE
Vom menschlichen Körper produzierte Cannabinoide.

ERNTE
Abschneiden ausgewachsener Nutzpflanzen.

FOTOPERIODE
Die Dauer der Licht- und Dunkelphasen innerhalb eines 24-Stunden-Zeitraums.

GESAMTMENGE GELÖSTER FESTSTOFFE (TDS)
Ein Maß (in Teilen pro Million), das angibt, wie viel von bestimmten Substanzen in Wasser enthalten ist; wird normalerweise in der Hydrokultur eingesetzt, um die Stärke einer Nährlösung zu messen.

GESCHLECHTSBESTIMMUNG
Identifikation des Geschlechts einer Pflanze (männlich oder weiblich).

GUERILLA-ANBAU
Dabei werden entweder öffentliche Flächen oder Grundstücke anderer Besitzer für den Anbau genutzt.

HANF
Eine Marihuana-Sorte (vor allem *Cannabis sativa*), die so gezüchtet wurde, dass sie kaum THC enthält.

HASCHISCH
Gepresstes Harz, das aus einer blühenden Cannabis-Pflanze gewonnen wird.

HIGH INTENSITY DISCHARGE (HID-)LAMPEN
Lampen, die ein breiteres Lichtspektrum erzeugen als normale Glüh- oder Leuchtstofflampen. Sie werden häufig beim Marihuana-Anbau in Innenräumen eingesetzt.

HYBRIDE
Pflanze, die aus einer Kreuzung zweier verschiedener Genpools entstanden ist.

HYDROKULTUR
Eine erdfreie Anbaumethode, bei der die Pflanzen Nährstoffe über eine Wasserlösung erhalten.

KEIMBLÄTTER
Die ersten noch unreifen Blätter, die von einer aus Samen gezogenen Pflanze ausgetrieben werden; sie besitzen noch nicht die Blattform der ausgewachsenen Pflanze.

KEIMEN LASSEN
Einem Samen die richtigen Bedingungen für den Beginn der Wachstumsphase bieten.

KLON
Eine genaue genetische Kopie einer Ursprungspflanze.

KNOTEN
Der Punkt, an dem Zweige aus einem Stamm hervorsprießen.

LANDRASSEN
Marihuana-Sorten, die sich in einem natürlichen Umfeld entwickelt haben und nie mit einer anderen Sorte gekreuzt worden sind.

LICHTZYKLUS
Die abwechselnden Licht- und Dunkelphasen innerhalb eines 24-Stunden-Zeitraums.

LOW-STRESS-TRAINING (LST)
Trainieren von Cannabis-Pflanzen durch Biegen und Formen der jungen Zweige, damit sie in die gewünschte Richtung wachsen.

MANIKÜREN

Beschneiden frisch geernteter Marihuana-Buds, um Blätter und andere unerwünschte Teile vor dem Trocknen und Aushärten zu entfernen (Nassmaniküre).

NÄHRFILMTECHNIK (NFT)

Ein Hydrokultursystem, bei dem Cannabis-Pflanzen in schräggeneigten Röhren oder Rinnen („Gullys“) angebaut und über einen kontinuierlichen dünnen Nährlösungsstrom mit Wasser und Nahrung versorgt werden.

NEBENBLATT

Winzige haarähnliche Struktur, die in der Nähe des Blütenkelchs aus einem Knoten hervortritt.

NPK-VERHÄLTNIS

Eine Standardformulierung auf den Etiketten von Düngemitteln, die angibt, wie viel von den drei Hauptnährstoffen (Stickstoff, Phosphor, Kalium) ein bestimmter Dünger – gemessen an seinem Gewicht – enthält.

PFAHLWURZEL

Die Hauptwurzel einer Pflanze; wächst senkrecht nach unten.

PHYTOCANNABINOIDE

Cannabinoide, die von Cannabis-Pflanzen produziert werden.

SAMENBANK

Ein Unternehmen, das Cannabis-Samen verkauft.

SÄMLINGSSTADIUM

Lebensphase einer Cannabis-Pflanze direkt nach der Keimung, in der die jungen Pflanzen reife Blätter zu bilden beginnen.

SCREEN OF GREEN (SCROG)

Eine Methode, um Cannabis-Pflanzen so zu trainieren, dass sie waagerecht an einem Schirm entlangwachsen, der über einer Anbaufläche aufgespannt ist.

SEA OF GREEN (SOG)

Eine Methode, mit der man viele Cannabis-Pflanzen auf engem Raum anbauen kann. Dabei möchte man jeweils nur eine Cola an der Oberseite der Pflanzen erzielen und leitet die Blüte so früh wie möglich ein.

SEKUNDÄRE PFLANZENSTOFFE

Von Pflanzen gebildete chemische Substanzen, die positive Auswirkungen auf den Menschen haben können.

SELBSTBLÜHEND (AUTOFLOWERING)

Cannabis-Sorten, die so gezüchtet wurden, dass sie unabhängig vom Lichtzyklus nach einer bestimmten Anzahl von Wochen zur Blüte gelangen. Sie eignen sich gut für Regionen mit kurzer Anbausaison.

SINSEMILLA

Von unbefruchteten weiblichen Pflanzen produziertes Marihuana. (Das Wort kommt aus dem Spanischen und bedeutet „ohne Samen“.)

SORTE

Eine Cannabis-Pflanze, die aus ausgewählten Eltern gezüchtet wurde, um bestimmte erwünschte Eigenschaften und Wirkungen zu erzielen.

SPACE BUCKET

Ein Eimer, der zu einem in sich geschlossenen Anbauraum mit Belüftung und Beleuchtung umfunktioniert wurde und Platz für eine Pflanze bietet.

SPACE-BUCKET-GROWER
Ein Grower, der seine Pflanzen in Space Buckets anbaut.

SPÜLEN
Dabei werden vor der Ernte der Pflanzen große Mengen klaren Wassers durch ein Anbausystem geleitet, um überschüssige Salze und Nährstoffe herauszuspülen.

STEMPEL
Das Geschlechtsorgan einer weiblichen Pflanze.

STRETCH
Wachstumsschub (Verlängerung des Stamms) während der Blütezeit.

STUTZEN
Beschneidung, die nur am obersten Knoten der Pflanze durchgeführt wird, damit sich der Hauptstamm verzweigt.

TETRAHYDROCANNABINOL (THC)
Die in Marihuana enthaltene psychoaktive Substanz.

TIEFWASSERKULTUR (DEEP WATER CULTURE, DWC)
Ein Hydrokultursystem, bei dem die Pflanzen mit den Wurzeln in ein Wasser- und Nährstoffreservoir hinein hängen.

TRICHOME
Die Harzdrüsen, in denen eine Cannabis-Pflanze THC und andere Cannabinoide produziert.

TROCKNEN
Aufhängen frisch geernteter Cannabis-Pflanzen, damit ein Großteil der Feuchtigkeit aus Blüten und Blättern verdunsten kann.

TROPFSYSTEM
Ein Mikrobewässerungssystem, bei dem die Pflanzen durch sehr kleine Rohre, die oft an eine Zeitschaltuhr angeschlossen sind und

genau kontrollierte Mengen an Wasser und Dünger abgeben, bewässert und ernährt werden.

UMPFLANZEN (VERPFLANZEN)
Eine Pflanze in einen größeren Behälter oder in den Boden umsetzen. (Letzteres wird auch als Auspflanzen bezeichnet.)

UNGESCHLECHTLICHE VERMEHRUNG
Dabei werden Pflanzen aus Klonen (z. B. Stecklingen) gezogen.

VEGETATIVES WACHSTUM (VEGETATIVE PHASE)
Lebensphase direkt nach der Keimung, in der die Cannabis-Pflanze reife Blätter austreibt, einen holzigen Stamm bildet und größer wird.

VORBLÜTE (VORBLÜHPASE)
Lebensphase einer Cannabis-Pflanze kurz vor der Blütezeit, während der sich das Geschlecht der Pflanze offenbart.

WELKEKRANKHEIT
Eine durch Wachstum des Pythium-Pilzes auf Sämlingen verursachte Pflanzenkrankheit.

ZUCKERBLÄTTER
Kleine Blätter, die aus Cannabis-Blüten hervorsprießen und oft mit Harz überzogen sind.

ZWEIHÄUSIG
Eine Pflanzenart, bei der männliche und weibliche Blüten an getrennten Pflanzen wachsen.

ZWITTER
Eine Pflanze, die sowohl männliche als auch weibliche Blüten bildet.

Umrechnungstabelle

TEE- UND ESSLÖFFEL	
⅛ Teelöffel	0,5 Milliliter
¼ Teelöffel	1 Milliliter
½ Teelöffel	2 Milliliter
1 Teelöffel	5 Milliliter
½ Esslöffel	7 Milliliter
1 Esslöffel (3 Teelöffel)	15 Milliliter
2 Esslöffel	30 Milliliter
4 Esslöffel	60 Milliliter

Register

Informationen zur rechtlichen Situation

Deutschland

Cannabis einschließlich Nutzhanf und Cannabisharz sind rechtlich nicht mehr als Betäubungsmittel im Sinne des Betäubungsmittelgesetzes (BtMG) eingestuft. Am 1. April 2024 ist das Cannabisgesetz (CanG) in Kraft getreten, ab 1. Juli 2024 folgen die Regelungen zum Eigenanbau in Anbauvereinigungen.

Mit dem CanG wurde der private Eigenanbau durch Erwachsene zum Eigenkonsum sowie der gemeinschaftliche, nicht-gewerbliche Eigenanbau von Cannabis in Anbauvereinigungen legalisiert. So ist für Personen ab 18 Jahren in der Öffentlichkeit der Besitz von bis zu 25 Gramm Cannabis zum Eigenkonsum erlaubt, zu Hause der Besitz von bis zu 50 Gramm Cannabis und bis zu drei Cannabispflanzen. Verboten ist der Konsum von Cannabis in unmittelbarer Gegenwart von Personen unter 18, der öffentliche Konsum in oder in Sichtweite von Einrichtungen für Kinder und Jugendliche, in Fußgängerzonen zwischen 7 und 20 Uhr, innerhalb des Geländes von Anbauvereinigungen.

Jede in Deutschland ansässige Person ab 18 Jahren kann Mitglied einer Cannabis-Anbauvereinigung werden. Anbauvereinigungen dürfen das angebaute Cannabis durch Mitglieder an Mitglieder zum Zweck des Eigenkonsums weitergeben. Dabei ist die Menge pro Tag und Monat beschränkt.

Wie bisher darf Cannabis zu medizinischen Zwecken nur vom Arzt verschrieben oder im Rahmen einer ärztlichen Behandlung verabreicht oder überlassen werden. Das verschriebene Cannabis erhalten die Patienten in einer Apotheke gegen Vorlage des Rezepts.

Cannabis und das darin enthaltene CBD wird in der Medizin als ein wirksames Mittel mit sehr geringen Nebenwirkungen verordnet – die Anwendungen reichen von einer Schmerztherapie bis zu einer Nutzung im Rahmen der Krebstherapie.

Um Cannabis als Patient nutzen zu können, muss ein Arzt bereit sein, ein Rezept dafür auszustellen. Wenn die Krankenkasse das Rezept genehmigt, bekommt der Patient die Kosten dafür erstattet. Bei Nichtgenehmigung muss er das Präparat selbst zahlen.

Österreich

Seit 2016 wird der Konsum von Cannabis in Österreich nicht mehr als Straftatbestand eingestuft. Grundsätzlich ist Cannabis mit einem THC-Gehalt über 0,3% in Österreich verboten. Die Strafen für den Besitz oder den Verkauf sind teilweise sehr hoch. Kleindelikte, wie der Besitz für den Eigenkonsum, werden in Österreich meist nicht strafverfolgt. Die Grenzmengenverordnung für den Eigenkonsum besagt, dass eine Menge mit bis zu 20 Gramm reinem THC als Eigenbedarf gilt und sehr wahrscheinlich straffrei bleiben wird. Anbau, Verkauf und Besitz einer größeren Menge sind verboten und werden strafrechtlich verfolgt.

Schweiz

Cannabisprodukte sind erlaubt, wenn sie weniger als 1 Prozent THC enthalten. Konsum und Besitz von bis zu 10 Gramm Cannabis sind nicht strafbar. Der Konsum ist aber eine Ordnungswidrigkeit und wird mit einem Bußgeld geahndet. Der Anbau von Cannabis wird geduldet.

Niederlande

Seit 1976 darf man in den Niederlanden Cannabis besitzen und konsumieren. Es gibt allerdings Beschränkungen hinsichtlich des Alters des Konsumenten und der Menge des Cannabis.

In den meisten Teilen der Welt sind alle Bestandteile der Pflanze – frisch oder getrocknet – verboten. In einigen Ländern fallen auch die Samen unter das Betäubungsmittelgesetz.

Der in diesem Buch beschriebene Anbau zum Eigenbedarf setzt voraus, dass dieser in dem Land, in dem der Grower wohnt und anbaut, vom Gesetzgeber genehmigt ist oder toleriert wird. Geben Sie als Grower genauestens darauf acht, wie viele Pflanzen oder wie viel Gramm von Ihrem „lokalen" Gesetzgeber als „geringe Menge zum Eigenbedarf" akzeptiert werden. Informieren Sie sich exakt über die gesetzliche Situation in Ihrem Land!